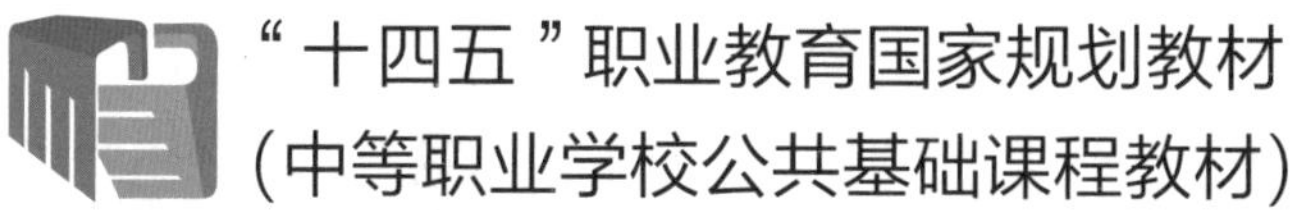

“十四五”职业教育国家规划教材
（中等职业学校公共基础课程教材）

信息技术

（拓展模块）

——办公应用

总主编：罗光春　胡钦太
主　编：陈向阳　龙天才　林闻凯
副主编：石　忠　杜少杰　薛宁海
参　编：余丹丹　胡潇月　梁　帆　杨　彧
丁　倩　张　华　肖　玢

北京理工大学出版社
BEIJING INSTITUTE OF TECHNOLOGY PRESS

内容简介

本教材依据《中等职业学校信息技术课程标准（2020年版）》研发，作为信息技术基础模块的拓展与加深。本书主要内容包含实用图册制作、演示文稿制作、数据报表编制3个专题，教材内容选取包含信息技术最新研究成果及发展趋势的内容，开阔学生眼界，激发学生好奇心；选择生产、生活中具有典型性的应用案例，以及与应用场景相关联的业务知识内容，帮助学生更全面地了解信息技术应用的真实情境，引导学生在实践体验过程中，积累知识技能、提升综合应用能力；内容体现信息技术课程与其他公共基础课程、专业课程的关联，引导学生将信息技术课程与其他课程所学的知识技能融合运用。

本书适合中等职业学校学生作为公共基础课教材使用。

图书在版编目（CIP）数据

信息技术：拓展模块．办公应用／陈向阳，龙天才，林闻凯主编．--北京：北京理工大学出版社，2022.8（2024.1重印）

ISBN 978-7-5763-1266-9

Ⅰ．①信…　Ⅱ．①陈…　②龙…　③林…　Ⅲ．①电子计算机－中等专业学校－教材　Ⅳ．①TP3

中国版本图书馆CIP数据核字（2022）第072204号

责任编辑： 张荣君　　**文案编辑：** 张荣君
责任校对： 周瑞红　　**责任印制：** 边心超

出版发行／北京理工大学出版社有限责任公司
社　　址／北京市丰台区四合庄路6号
邮　　编／100070
电　　话／（010）68914026（教材售后服务热线）
（010）68944437（课件资源服务热线）
网　　址／http://www.bitpress.com.cn

版 印 次／2024年1月第1版第3次印刷
印　　刷／涿州汇美亿浓印刷有限公司
开　　本／889 mm×1194 mm　1/16
印　　张／13
字　　数／250千字
定　　价／29.90元

“十四五”职业教育国家规划教材
（中等职业学校公共基础课程教材）
出版说明

为贯彻党的二十大精神，落实《中华人民共和国职业教育法》规定，深化职业教育“三教”改革，全面提高技术技能型人才培养质量，按照《职业院校教材管理办法》《中等职业学校公共基础课程方案》和有关课程标准的要求，在国家教材委员会的统筹领导下，根据教育部职业教育与成人教育司安排，教育部职业教育发展中心组织有关出版单位完成对数学、英语、信息技术、体育与健康、艺术、物理、化学 7 门公共基础课程国家规划新教材修订工作，修订教材经专家委员会审核通过，统一标注“十四五”职业教育国家规划教材（中等职业学校公共基础课程教材）。

修订教材根据教育部发布的中等职业学校公共基础课程标准和国家新要求编写，全面落实立德树人根本任务，突显职业教育类型特征，遵循技术技能人才成长规律和学生身心发展规律，聚焦核心素养、注重德技并修，在教材结构、教材内容、教学方法、呈现形式、配套资源等方面进行了有益探索，旨在推动中等职业教育向就业和升学并重转变，打牢中等职业学校学生的科学文化基础，提升学生的综合素质和终身学习能力，提高技术技能人才培养质量，巩固中等职业教育在职业教育体系中的基础地位。

各地要指导区域内中等职业学校开齐开足开好公共基础课程，认真贯彻实施《职业院校教材管理办法》，确保选用本次审核通过的国家规划修订教材。如使用过程中发现问题请及时反馈给出版单位，以推动编写、出版单位精益求精，不断提高教材质量。

中等职业学校公共基础课程教材建设专家委员会

2023 年 6 月

前　言

党的二十大吹响了全面建设社会主义现代化国家、全面推进中华民族伟大复兴的新号角，加快建设数字中国是发挥信息化驱动引领作用、推进中国式现代化的必然选择。大力提升国民信息素养，对于加快建设制造强国、网络强国、数字中国，以信息化驱动现代化，增强个体在信息社会的适应力与创造力，提升全社会的信息化发展水平，推动个人、社会和国家发展具有重大的意义。

为更好地实施中等职业学校信息技术公共基础课程教学，教育部组织制定了《中等职业学校信息技术课程标准（2020年版）》（以下简称《课标》）。《课标》对中职学校信息技术课程的任务、目标、结构和内容等提出了要求，其中明确指出，信息技术课程是各专业学生必修的公共基础课程。学生通过对信息技术基础知识与技能的学习，有助于增强信息意识、发展计算思维、提高数字化学习与创新能力、树立正确的信息社会价值观和责任感，培养符合时代要求的信息素养与适应职业发展需要的信息能力。

本套教材作为信息技术基础模块的拓展与加深，也作为学生的主要学习材料，严格按照教育部《课标》的要求编写，拓展模块包含10个专题，分别是实用图册制作、演示文稿制作、数据报表编制、数字媒体创意、三维数字模型绘制、个人网店开设、计算机与移动终端维护、机器人操作、小型网络系统搭建、信息安全保护。

本教材的编写遵循中职学生的学习规律和认知特点，结合职场需求和专业需要，以项目任务的方式，让学生在真实的活动情境中开展项目实践，发现和解决具体问题，形成活动作品，培养学生的数字化学习能力和利用信息技术解决实际问题的能力。全套教材体现出以下特点。

（1）注重课程思政的有机融合。深入挖掘学科思政元素和育人价值，把职业精神、工匠精神、劳模精神和创新创业、生态文明、乡村振兴等元素有机融合，达到课程思政与技能学习相辅相成的效果；紧密围绕学科核心素养、职业核心能力，促进中职学生的认知能力、合作能力、创新能力和职业能力的提升。

（2）内容结构体现职业教育类型特征。教材每个专题下分若干项目，每个项目基本为一个完整的实践案例，使得项目与项目之间为平行结构，教师可以根据学生的专业方向挑选合适的项目开展教学，通过多样化学习活动的设计，改变传统的知识发布的呈现方式，努力引导学生学习方式的变革与核心素养的建构。

（3）内容载体充分体现新技术、新工艺。精选贴近生产生活、反映职业场景的典型案例，注重引导学生观察生活，切实培养学习兴趣。充分考虑各专业学生的学习起点和研读能力，对重点概念、技术以图文、多媒体等方式帮助学生掌握，同时应用时下最流行的网络媒体工具吸引学生的关注，加强实践环节的指导，让学生学有所用。

（4）强化学生的自主学习能力。每个项目后配有项目分享和评价，帮助学生自学测评。项目后面还配有工单式项目拓展，引导学生按照项目的任务实施自主完成新项目任务。

本套教材由罗光春、胡钦太担任总主编，制订教材编写指导思想和理念，确定教材整体框架，并对教材内容编写进行指导和统稿。

本书由陈向阳、龙天才、林闻凯担任主编，石忠、杜少杰、薛宁海担任副主编，余丹丹、胡潇月、梁帆、杨彧、丁倩、张华、肖玢参与编写。本套教材由汪永智、黄平槐、廖大凯负责进行课程思政元素的设计和审核。本套教材在编写过程中得到了北京金山办公软件有限公司、360 安全科技股份有限公司、广州中望龙腾软件股份有限公司、福建中锐网络股份有限公司、新华三技术有限公司等企业，电子科技大学、北京理工大学、广东工业大学、华南师范大学、天津职业技术师范大学等高等院校，北京、辽宁、河北、江苏、山东、山西、广东等地区的部分高水平中、高等职业院校的大力支持，在此深表感谢。

由于编者水平有限，教材中难免存在疏漏和不足之处，敬请广大教师和学生批评和指正，我们将在教材修订时改进。联系人：张荣君，联系电话：（010）68944842，联系邮箱：bitpress_zzfs@bitpress.com.cn。

编　者

目　录
MULU

专题 1　实用图册制作

专题 2　演示文稿制作

专题 3　数据报表编制

专题1 实用图册制作

图册又称画册，是我们日常生活中最常见的印刷宣传材料之一。实用图册就是运用图文并茂的形式，根据不同业务主题选择相关内容，结合颜色搭配、版式设计、风格定位等艺术表现来完成的具有实用性的小册子。实用图册应用领域广泛，在各行各业中都能看到它的影子。根据不同的内容、不同的诉求、不同的主题特征，实用图册可分为工程（工艺流程）图册、艺术图册、VI设计册、宣传册、公文手册、制度汇编等。

当今社会竞争日趋激烈，为增强竞争力，各行各业对自身企业形象的宣传和产品推广越来越重视。图册以其内容新颖、直观、可保存、全方位、多角度展示个人或企业精神风貌的特点，在众多对外宣传的形式中脱颖而出，成为重要的宣传载体。

通过学习和实践，可了解实用图册的概念、作用及其应用领域；了解实用图册的分类，会根据业务主题选择图册内容、设计图册版式；掌握实用图册制作的流程；了解实用图册制作的相关软件；掌握利用软件制作实用图册的相关技能等。

本专题设置三个实践项目：制作公司员工手册、制作工程图册和制作宣传画册。在教学实施时，可根据不同专业方向选择具体的教学项目。三个项目的内容要求简要描述如下：

1. 制作公司员工手册：能根据公司需求，设计和制作员工手册。

2. 制作工程图册：能根据不同的业务主题，设计与制作工程图册。

3. 制作宣传画册：能根据行业需求，设计与制作宣传画册。

项目 1 制作公司员工手册

项目背景

“员工手册”是企业内的准则，是企业规章制度、企业战略与企业文化的浓缩，是员工必须遵守的规则。员工手册同时也起到展示企业形象、传播企业文化的作用。

随着某公司的发展壮大，各项规章制度都在逐步制定、修订、完善，为了彰显企业文化，规范员工管理，公司董事会议决定重新制作公司员工手册，并委托前进动力广告公司承接公司员工手册的设计与制作，前进动力广告公司阳阳团队负责此项工作的开展。

项目分析

阳阳团队负责人对项目情况进行初步分析后，根据团队成员个人特长进行任务分工，拟定项目计划。首先，团队到客户公司实地考察，了解客户需求，核算成本，搜集整理文案，规划员工手册内容，完成版式设计方案；然后搜集、加工、制作图文素材，对图文素材进行编辑排版和文字校对，并进行项目汇报。项目结构如图 1-1-1 所示，公司员工手册封面和封底参考效果如图 1-1-2 所示。

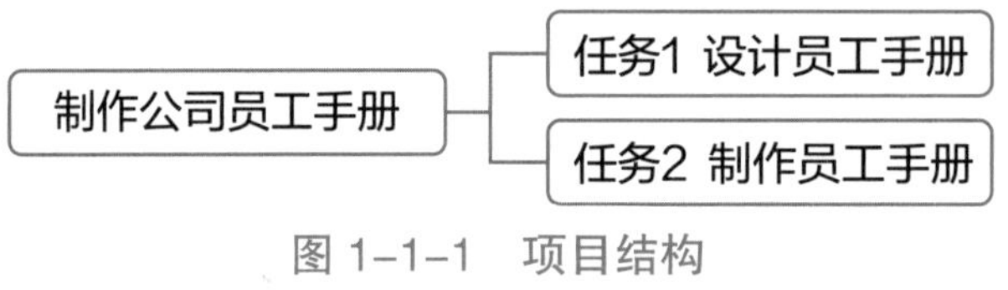

图 1-1-1 项目结构

图 1-1-2 公司员工手册封面和封底参考效果

学习目标

• 能根据客户需求，整体设计员工手册，规划内容，搜集整理文案和相关素材，完成公司员工手册的版式设计方案。

• 能根据员工手册的版式设计方案，完成手册的制作，包括对图文素材的制作加工、编辑排版和文字校对等工作。

• 能制作员工手册的提案演示文稿，汇报展示设计方案及成果。

设计员工手册

任务描述

阳阳团队到客户公司实地调研，了解客户需求，规划员工手册内容，完成版式设计方案。

任务分析

经过调研，阳阳团队在与客户交流中逐步填写需求分析表，并了解到客户需求；在与客户反复沟通中，搜集整理调研内容，规划员工手册的内容结构；绘制版式设计草图，最终形成员工手册的版式设计方案，包括封面、封底、页眉的版式设计等，为制作员工手册做好准备。任务路线如图 1-1-3 所示。

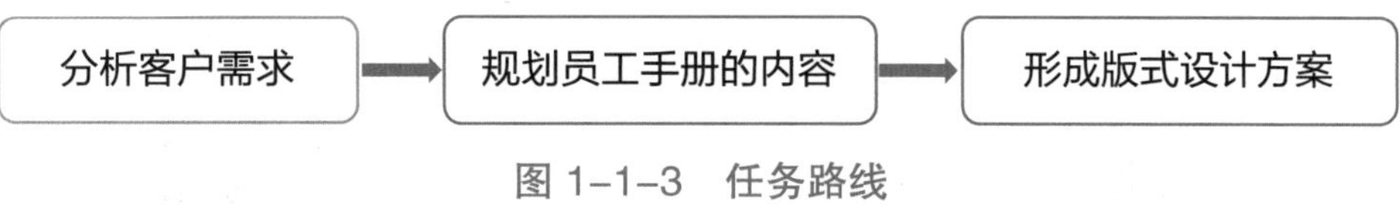

图 1–1–3　任务路线

1. 实用图册风格定位

实用图册的设计风格要和谐统一。常见的图册设计风格有简洁、典雅、严谨、时尚、现代、古典、田园风等。企业形象宣传册根据其行业特点来定位宣传册的设计风格；产品宣传册主要体现产品的功能、特性、用途、服务等，从企业的行业定位和产品的特质出发进行设计，来确定产品宣传册的风格定位；公文手册是比较正式的文件，它们需要严谨、标准的设计，其中政府公文有严谨的格式要求。不同设计风格的图册欣赏如图 1-1-4、图 1-1-5 所示。

图 1-1-4 田园风

图 1-1-5 现代、时尚

2. 实用图册的设计原则

设计一本优秀的图册需要遵循以下原则：

①有正确的诉求，以读者为导向，突出主题。

②有新颖的文案创意，能够吸引读者。

③选用的图片精美并真实，能引起读者的共鸣。

④色彩搭配合理，视觉舒适，并符合图册的风格定位。

⑤版式设计简洁美观，有艺术感染力。

优秀的图册欣赏如图 1-1-6 所示。

图 1-1-6 《中华建筑之美》图册

3. 版式设计

版式设计是现代艺术设计的重要组成部分，是视觉传达的重要手段。版式设计是指设计人员根据设计主题和视觉需求，在预先设定的有限版面内，运用造型要素和形式原则，根据特定主题与内容的需要，将文字、图片（图形）及色彩等视觉传达信息要素，进行有组织、有目的组合排列的设计行为与过程。

在实用图册的设计与制作中，版式设计是必不可少的环节。在作品创作过程中，可以先在纸上手绘结构草图进行版式设计，这样便于修改和调整，最后确定整个版面内容的结构和编排形式。版式设计结构如图 1–1–7 所示，在该图册版式设计中，右侧页面使用满版图片，画面中安排相应的文字内容；左侧页面中间大面积留白，边框使用线条作为装饰隔断。整个版面张弛有度，富有节奏感，给人一种时尚、文艺的感觉。

图 1–1–7　版式设计结构

进行版式设计时，要明确设计的主要内容，根据设计的内容来确定版式设计的风格和结构。版式设计的基本元素有点、线、面，合理运用和搭配这些基本元素，才能设计出好的版式。版式设计常见的构图方式有水平构图、垂直构图、倾斜构图、曲线型构图、平衡构图、全图式构图等，不同的构图方式呈现截然不同的视觉效果，给人不同的心理感受。不同版式构图的图册风格如图 1–1–8~ 图 1–1–13 所示。

图 1–1–8　水平构图

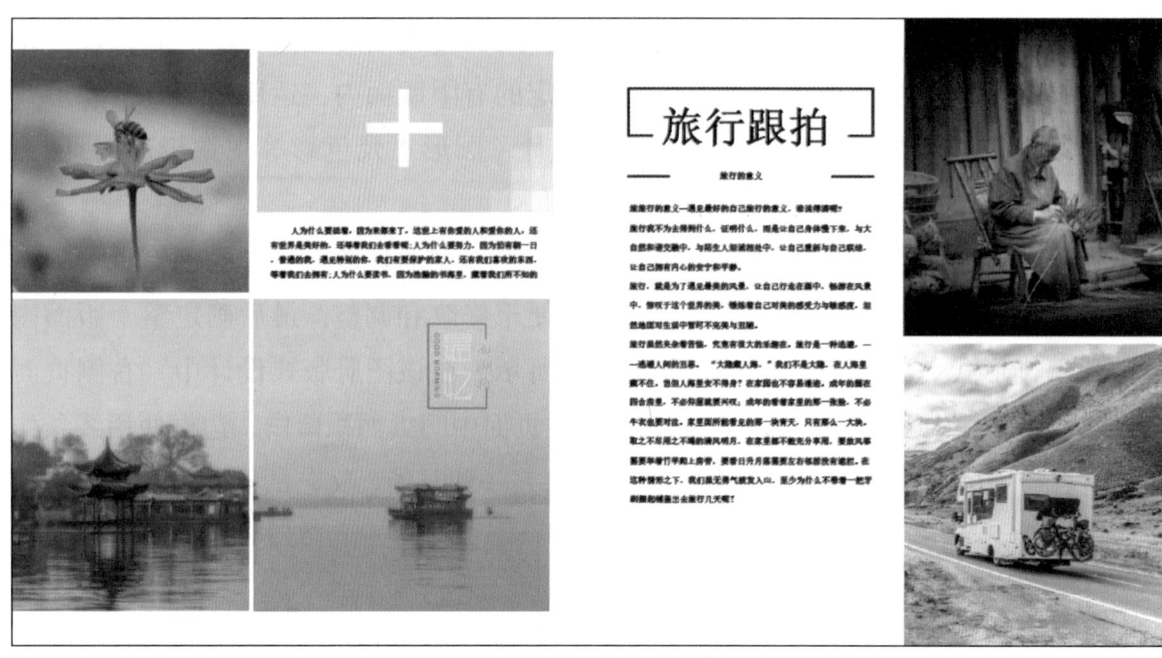

图 1-1-9　垂直构图

图 1-1-10　倾斜构图

图 1-1-11 曲线型构图

图 1-1-12 平衡构图

图 1-1-13 全图式构图

4. 图册的尺寸

图册的尺寸分为成品尺寸和设计尺寸。成品尺寸是指图册打印输出的成品大小尺寸；设计尺寸是指在进行平面设计时，比较规范的画面尺寸。实用图册的印刷样式多种多样，常见的图册成品尺寸大小及规格如下：

①A4 图册尺寸。这是最常见的图册规格，国内标准尺寸是 210 mm × 285 mm，国际标准尺寸是 210 mm × 297 mm。

②轻便型的画册尺寸。A5 大小是 210 mm × 142 mm，B5 大小是 176 mm × 250 mm。

③其他常用规格分别如下：

- 285 mm × 285 mm，这种图册尺寸更显高档大气。
- 250 mm × 250 mm，方版图册尺寸大小。
- 370 mm × 250 mm，更大版的高档图册尺寸。

④根据客户需求定制图册特殊尺寸。

图册尺寸样图如图 1-1-14 所示。

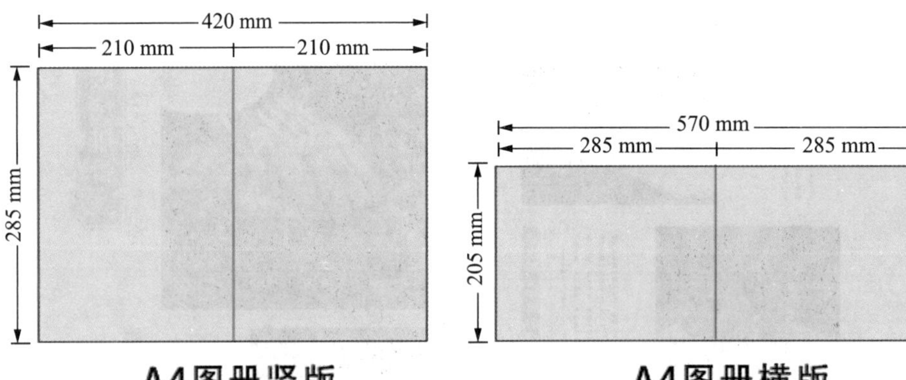

图 1-1-14 图册尺寸样图

1. 需求分析

分析客户需求，填写客户需求分析表，如表 1-1-1 所示。

客户需求分析内容主要有以下几方面：

①目标人群是哪些？

②如何确定手册的设计风格？

③色彩如何搭配？

④员工手册的成品尺寸和设计尺寸是多少？

⑤手册输出采用哪种纸张材质？

表 1-1-1 客户需求分析表

项目名称	公司员工手册	接收部门/人员	设计部/阳阳团队
目标人群	智雨节水灌溉科技有限公司员工（内部使用）		
设计风格	严谨、标准		
色彩搭配	蓝色为主		
尺寸	成品尺寸：210 mm×285 mm　设计尺寸：216 mm×291 mm		
纸张材质	双胶纸		

纸张材质是指作品打印输出的成品使用纸张，常见的有铜版纸、双胶纸、特种纸等，其中双胶纸适用于印刷书刊、课本、杂志、教材等；铜版纸主要用于印刷高级书刊的封面、封底、插图以及各种精美的商品广告、包装、画册等。

2. 规划员工手册内容

根据客户需求分析，规划员工手册内容，搜集整理文案材料和原图片等素材。员工手册内容规划的基本思路如图 1-1-15 所示。

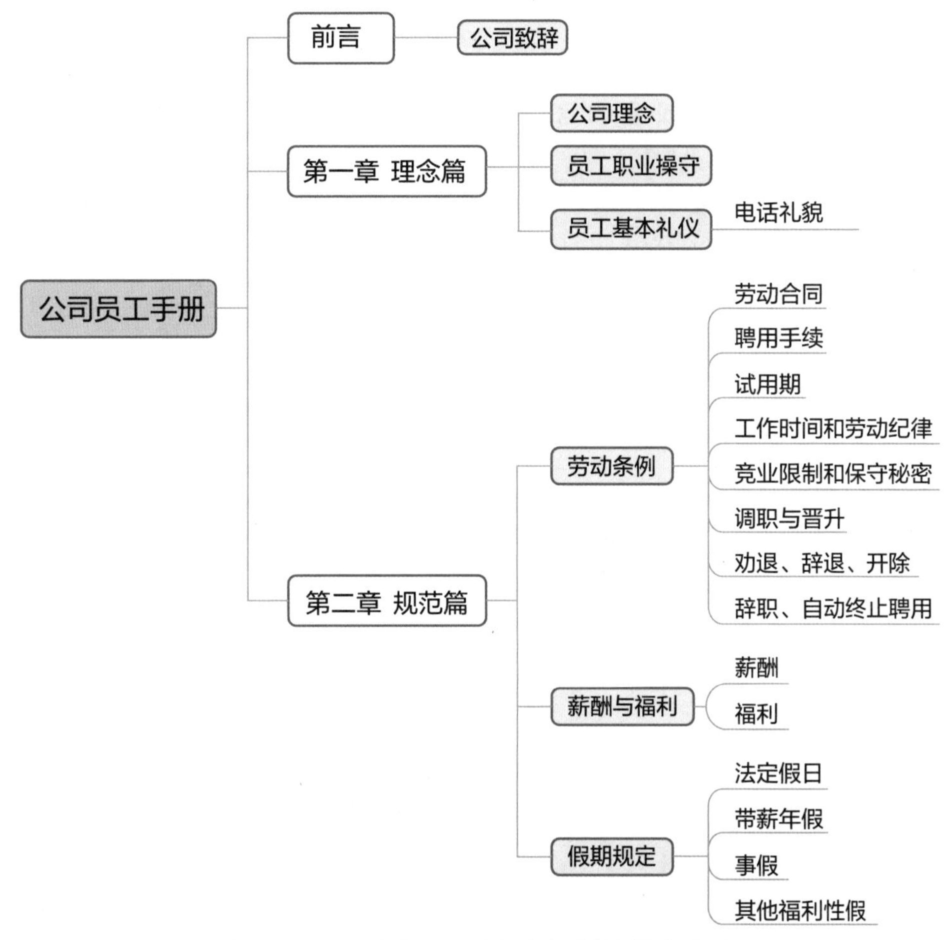

图 1-1-15 员工手册内容规划的基本思路

3. 设计员工手册版式

根据客户需求并结合手册的内容规划，绘制版式设计草图，形成版式设计方案，如表 1–1–2 所示。

表 1–1–2　员工手册封面、封底版式设计方案

名称	文案设计	版式设计
封面	公司名称：智雨节水灌溉科技有限公司（ZHIYU WATER-SAVING IRRIGATION TECHNOLOGY CO.,LTD） 主题：员工手册 说明文：感知责任 优质回报 合作共赢	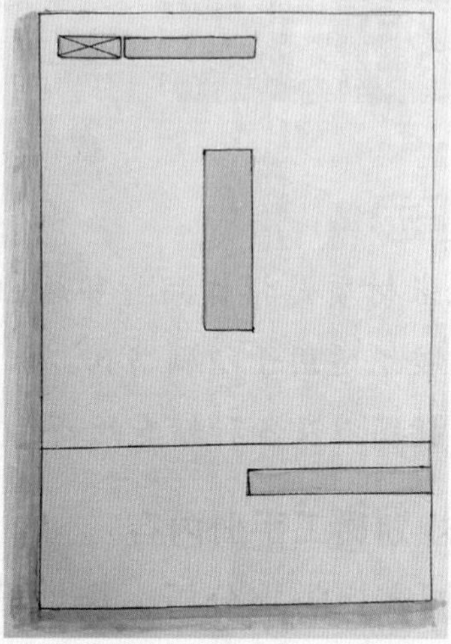
封底	公司联系方式： 地址：某某市工业北路 60 号 电话：123-12345678 公司网址：www.zygxxxx.com 公司邮箱：zhiyuxxxx@163.com 说明文：精益求精　才高行洁 上善若水　厚德载物	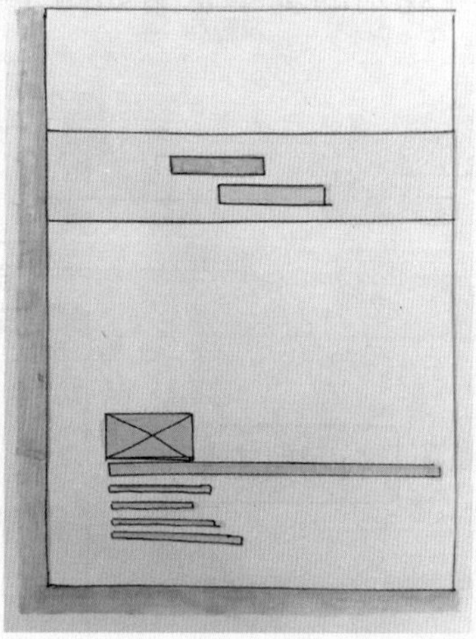

4. 及时与客户负责人沟通

版式设计方案和内容规划形成后，应及时与客户负责人沟通，并根据客户需求及时修订方案，增删规划内容。

任务2 制作员工手册

任务描述

根据客户需求确定好员工手册的版式设计方案后，项目团队根据员工手册的版式设计方案来制作员工手册。

任务分析

要制作员工手册，首先要根据员工手册的内容规划整合文案；然后结合版式设计方案编辑排版，包括设计手册封面、封底、正文等，再格式化文本和段落，添加页眉、页脚、注释和目录等；最后，完成文字校对并发布为 PDF 格式文档。任务路线如图 1-1-16 所示。

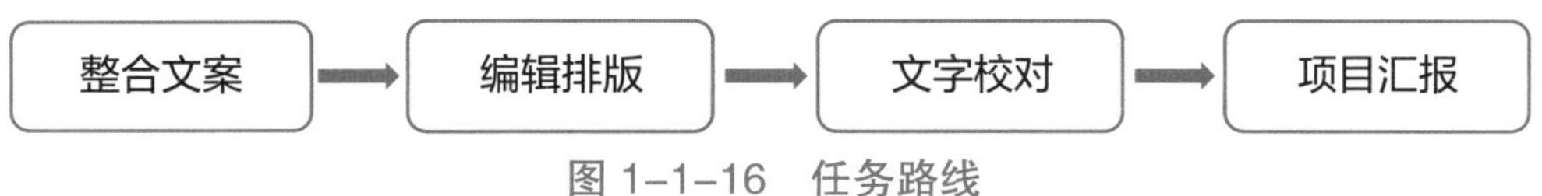

图 1-1-16 任务路线

任务准备

1. 图册制作要点

可根据需要选择合适的软件来制作图册，图册的制作要点如下：

（1）封面设计有吸引力

封面设计是图册设计中的重要环节，它能在第一时间抓住读者的视线，吸引读者驻足。封面的设计要有视觉冲击力，内容包括图形设计、色彩设计、字体设计、图册名称设计等。

（2）排版的合理美观

版式设计的元素和板块之间要对齐，让元素有视觉上的联系，建立一种秩序感，这样有利于阅读。对齐的方式有左对齐、右对齐、居中对齐、两端对齐、底对齐、顶对齐、轴线对齐等。在制作中，字间距、行间距、文案与图像之间的距离都要设计好，这样整个版面才能达到既规整又美观的效果。

（3）图片清晰

图册使用的图片除了要精美外，还要保证清晰度和纵横比，切忌出现马赛克或纵横比失调变形。

（4）文字准确

文字是画册设计的重要组成部分，文案设计要符合图册的主题，文字表达要准确，切忌有错字。文字在准确的基础上可追求创意。

2. 图册制作的规范要求

①制作图册时需要注意：图册一般是一张纸从中间对折过来（形成两页），然后从中间装订的。1P 是一个页码的意思，一张纸正反打印是 4P，所以，为了节约纸张和便于装订，图册的 P 数都是 4 的倍数。

②印刷完成后的成品，为了达到美观效果，要将不整齐的边缘切掉，裁切的宽度就是出血。为了避免裁切到图册的内容，在软件中制作时要留出血位，出血的大小一般设置为 3 mm，所以，在制作时，图册的设计尺寸要在成品尺寸外加 3 mm 预留的出血位。背景色应延伸到 3 mm 的出血里，重要的文字和图像要远离 3 mm 出血线，至少 10 mm 以上的安全区域内，如图 1–1–17 所示。

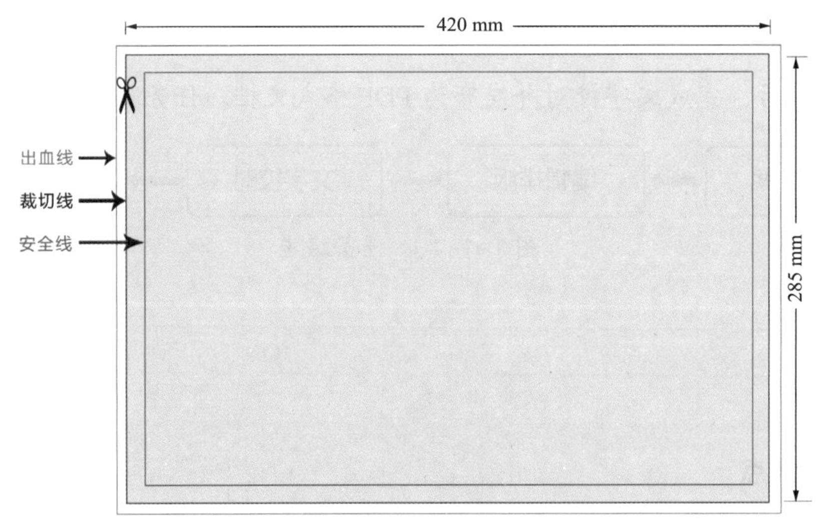

图 1–1–17　出血位

③一般在使用软件编辑图册时，图像的分辨率至少是 300 PPI，颜色模式选择 CMYK，如图 1–1–18 所示。

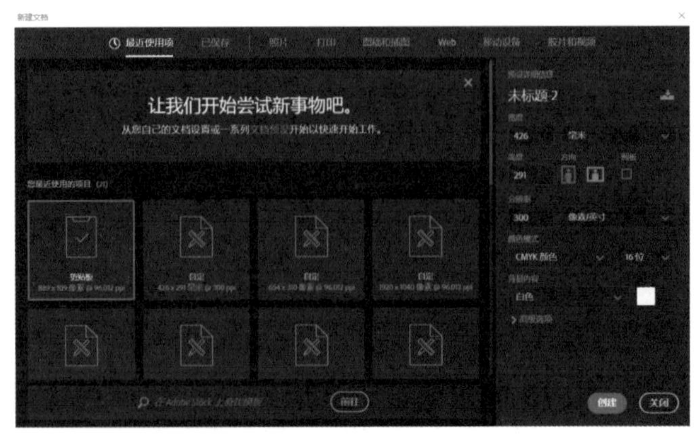

图 1–1–18　在专业的图形图像处理软件中设置图像参数

小提示

PPI 是每英寸所拥有的像素（pixel）数目，如 300PPI 就是一英寸有 300 像素，这是为了保证印刷质量最小的 PPI 值。CMYK 颜色模式是印刷中采用的混合叠加模式，是将青色、品红色、黄色和黑色四色叠加形成的一种颜色模式。

1. 整合文案

在 WPS Office 文字中新建文档并命名为“公司员工手册初稿”，根据员工手册的内容规划、整合文案并保存。公司提供的各项规章制度文件及相关素材如图 1–1–19 所示。

图 1–1–19　公司员工手册素材分类

2. 编辑排版

（1）设计制作封面

步骤 1：在 WPS 文字中新建文档并命名为“公司员工手册”。设置纸张大小为 216 mm × 291 mm，设置页边距为“适中”，如图 1–1–20 所示。在文档中预留封面页、扉页、目录页的位置（使用“页面布局”选项卡的“分隔符”下拉列表中的“分页符”插入两页空白页面）。选择封面页，插入客户公司 LOGO 图片文件，调整大小，设置文字环绕方式为“四周型环绕”，放置在封面的合适位置。插入两个横向文本框，分别输入文字“智雨节水灌溉科技有限公司”和“ZHIYU WATER–SAVING IRRIGATION TECHNOLOGY CO.,LTD”，文本框设置为无边框、无填充，设置文字环绕方式为“四周型环绕”，设置字体、字号，调整字间距，参考效果如图 1–1–21 所示。

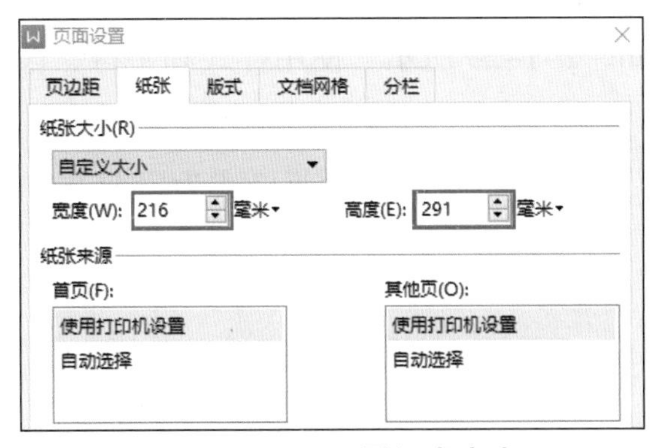

图 1–1–20　设置纸张大小

常见的图册制作软件有 CorelDRAW、Illustrator、Photoshop、美图秀秀、光影魔术手、WPS Office、Microsoft Office 等。

图 1–1–21　页眉效果

步骤 2：插入竖排文本框，输入文字“员工手册”，调整文本框大小，文本框边框设置为无边框色，填充设置为无填充色，设置文字环绕方式为四周型环绕，如图 1-1-22 所示。

步骤 3：在页面底部绘制矩形，设置无边框，填充颜色为蓝色。绘制第二个矩形，设置无边框，填充颜色为“矢车菊蓝，着色 1”，在矩形框里输入文字“感知责任 优质回报 合作共赢”，设置字体、字号和文本框上、下、左、右边距，如图 1-1-23 所示。

图 1-1-22　输入主题文字　　图 1-1-23　输入说明文本

步骤 4：绘制白色矩形装饰图案，放在合适的位置，如图 1-1-24 所示。封面制作完成。

图 1-1-24　绘制装饰图案

（2）格式化文本、段落

步骤 1：将整合好的文案复制到“公司员工手册”的文档目录页后的正文页面中。设置样式标题一、标题二字符间距为加宽 0.1 cm，如图 1-1-25 所示。使用样式和字符、段落工具格式化其他文本，确保格式的风格统一。

步骤 2：设置正文文本行间距为“单倍行距”；设置一级标题段落格式为段前 0.5 行、段后 0.5 行，如图 1-1-26 所示。

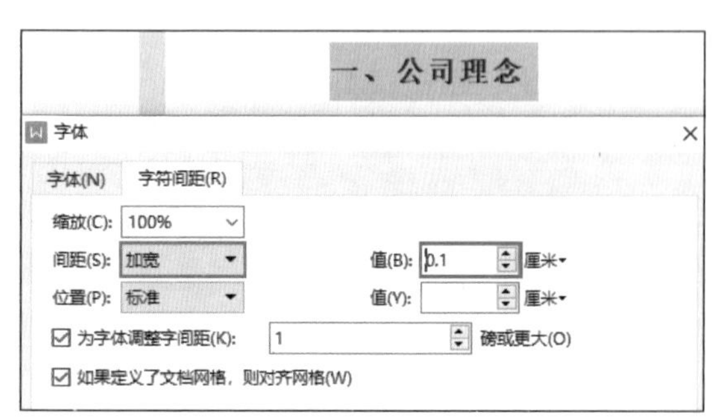

图 1-1-25　加宽字符间距

图 1-1-26　设置段前、段后间距

（3）格式化表格

步骤 1：正文中有三段文本可转换为表格，转换后内容更加直观明了。选中文本，将其转换为表格，如图 1–1–27 所示；格式化表格，如图 1–1–28 所示。

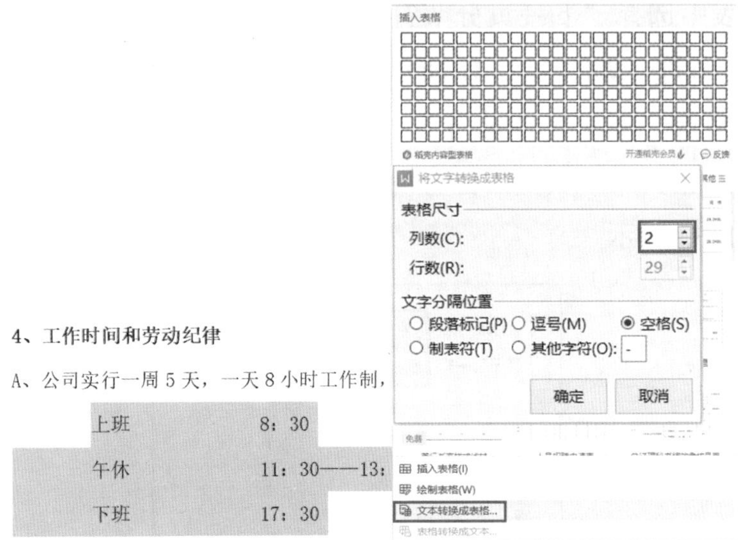

图 1–1–27　文本转换为表格

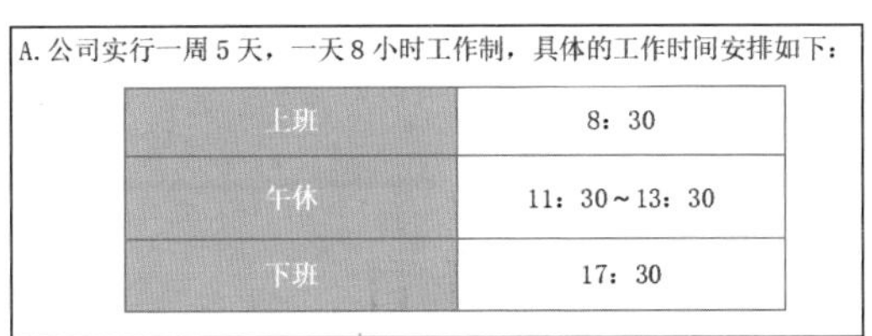
A. 公司实行一周 5 天，一天 8 小时工作制，具体的工作时间安排如下：

上班	8：30
午休	11：30～13：30
下班	17：30

图 1–1–28　格式化表格（一）

步骤 2：使用相同的方法转换其他要转换为表格的文本，如图 1–1–29 所示。

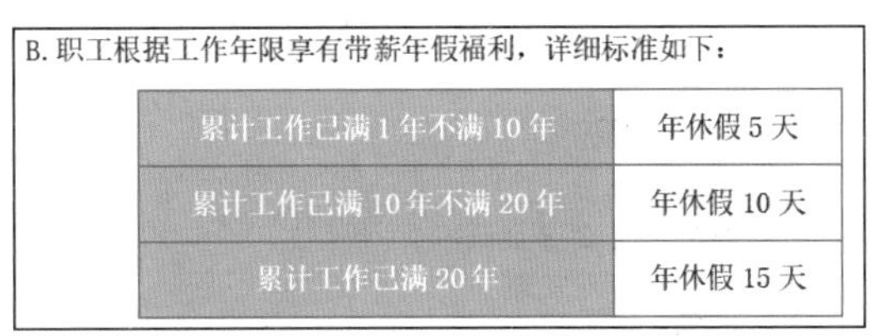
B. 职工根据工作年限享有带薪年假福利，详细标准如下：

累计工作已满 1 年不满 10 年	年休假 5 天
累计工作已满 10 年不满 20 年	年休假 10 天
累计工作已满 20 年	年休假 15 天

图 1–1–29　格式化表格（二）

（4）添加脚注

对正文“第二章　规范篇　第一条 劳动条例”中的“国家劳动法”文字添加脚注信息，进行解释说明，如图 1–1–30 所示。

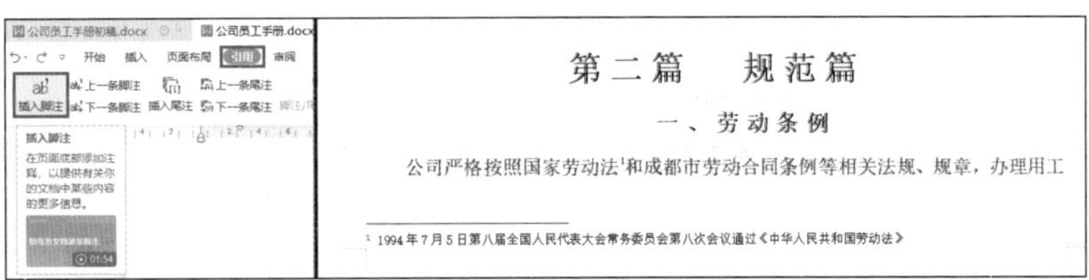

图 1–1–30　插入脚注

（5）添加页眉、页脚

步骤 1：将光标定位在预留的目录页底部，在“插入”选项卡中单击“分页”下拉按钮，在弹出的下拉列表中选择“下一页分节符”命令，插入下一页分节符，如图 1–1–31 所示。

图 1–1–31　插入下一页分节符

插入“页眉页脚”，取消“同前节”，如图 1–1–32 所示。在正文第一页页眉位置设计页眉效果，如图 1–1–33 所示。

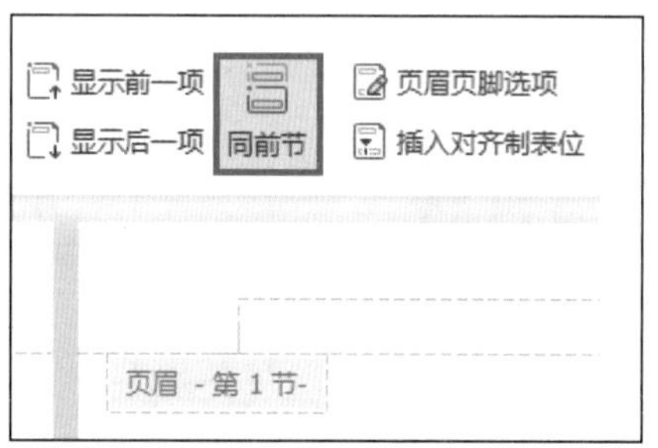

图 1–1–32　取消“同前节”

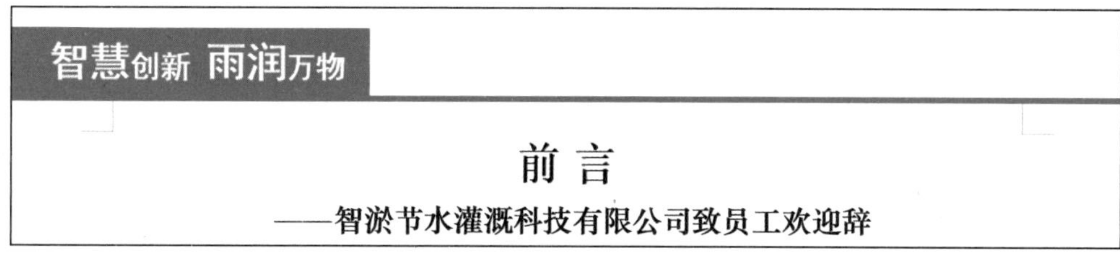
智慧创新 雨润万物

前 言

——智淤节水灌溉科技有限公司致员工欢迎辞

图 1–1–33　页眉效果图

步骤 2：在正文第一页插入页码，具体设置如图 1–1–34 所示。

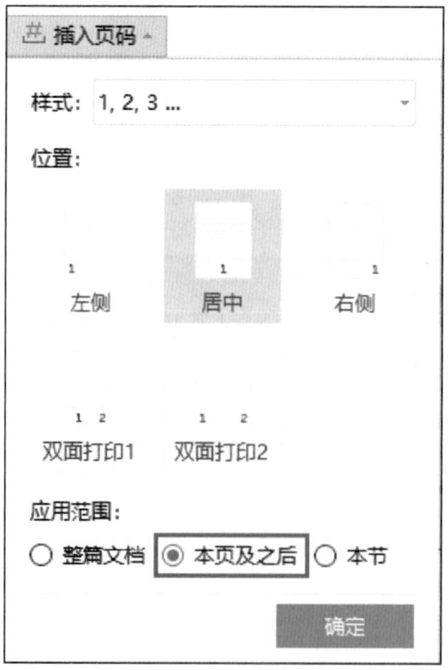

插入页码
样式：1, 2, 3 ...
位置：
左侧　居中　右侧
双面打印1　双面打印2
应用范围：
整篇文档　本页及之后　本节
确定

图 1–1–34　页码设置

（6）添加目录

插入横向文本框，输入文字“目录”，文字填充为蓝色，效果如图 1–1–35 所示。设置一、二、三级标题的目录级别分别为 1 级目录、2 级目录、3 级目录，如图 1–1–36 所示。自定义目录，格式化目录文本，如图 1–1–37 所示。

图 1–1–35 “目录”效果

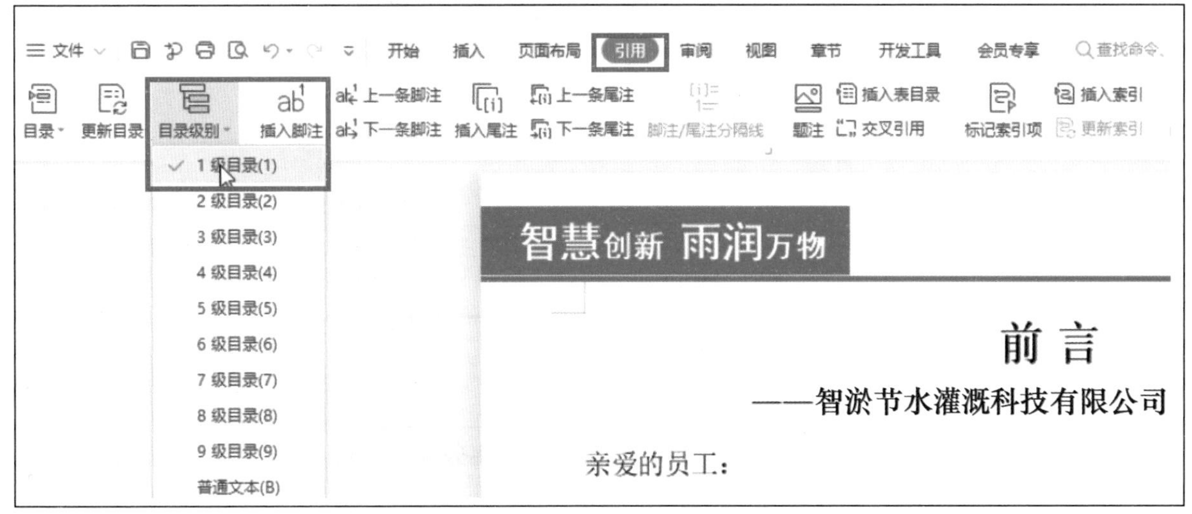

图 1–1–36 设置目录级别

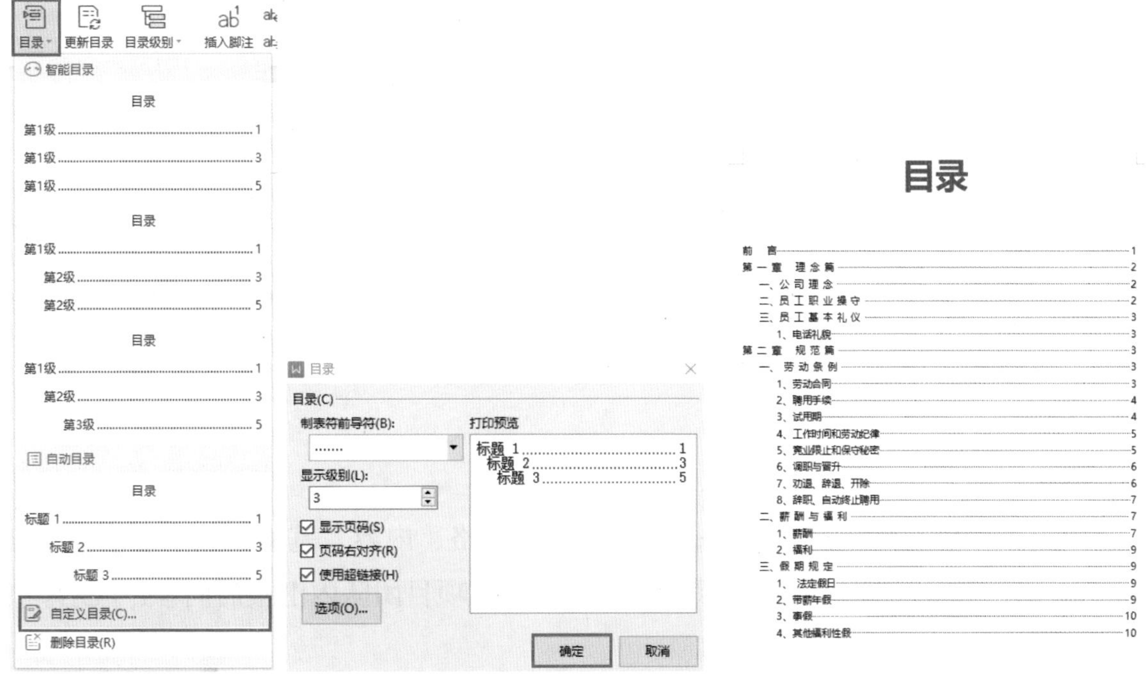

图 1–1–37 设置目录

（7）制作封底

将光标定位到最后一页的结尾处，插入下一页分节符，进入页眉、页脚编辑状态，取消“同前节”，删除新生成页面的页眉和页脚，添加相关内容，效果如图 1-1-38 所示。

图 1-1-38　员工手册封底效果

3. 校对文字

逐段逐句逐字校对文字，确保文字准确无误。

4. 保存并发布文档

保存文档格式为 WPS 文字，同时保存可供发布的 PDF 格式文件。

由于 WPS 文字格式的文档在传输过程中会因接收设备的分辨率及打开软件的版本不同等因素导致格式排版发生变化，所以，在完成文字校对后，需要另外保存一份 PDF 格式的文档以供核对。另外，保存为 PDF 格式的文档可在专业的印刷排版软件中排版，最后打印输出成册。

5. 展示汇报

制作员工手册的汇报演示文稿，包括手册的风格、内容、基本框架、手册选用工艺（尺寸、页码、纸张材制）、效果图展示等内容，并在项目团队内汇报后向客户展示。

6. 印制员工手册

印制员工手册小样交客户确认，在确保无误后，批量印制并提交客户验收。

项目分享

方案 1：各工作团队展示交流项目，谈谈自己的心得体会，并选派代表分享交流。

方案 2：由学生代表与指导教师组成项目评审组，各工作团队制作汇报材料并进行答辩。

项目评价

请根据项目完成情况填涂表 1-1-3。

表 1-1-3　项目评价表

类　别	内　容	评　分
项目质量	1. 各个任务的评价汇总 2. 项目完成质量	☆☆☆
团队协作	1. 团队分工、协作机制及合作效果 2. 协作创新情况	☆☆☆
职业规范	1. 项目管理、实施环境规范 2. 项目实施过程、相关文档的规范	☆☆☆
建议		

注：“★☆☆”表示一般，“★★☆”表示良好，“★★★”表示优秀。

项目总结

本项目依据行动导向理念，将行业中“公司制度汇编”实用图册的设计与制作中的典型工作任务——制作公司员工手册转化为项目学习内容，注重学生创意设计能力的培养。学习内容即工作任务，通过工作实现学习。本项目共分为两个任务，在“设计员工手册”任务中介绍了如何分析客户需求，员工手册封面、封底版式的设计，以及其他内容页版面排版设计；在“制作员工手册”任务中介绍了选择适合的软件制作员工手册的相关技能。

项目拓展 制作中等职业学校学生公约手册

1. 项目背景

2016年，教育部发布《中等职业学校学生公约》（以下简称《公约》），并在全国中等职业学校开展学习、签署、践行《公约》活动。

为进一步加强《公约》的学习宣传，更好地引导学生践行《公约》，营造学习《公约》的良好氛围，某中职学校决定制作《公约》手册，在全校发行。《公约》手册制作要求：封面、目录、内容完整齐全，图文混排合理、排版美观。

2. 预期目标

1）《公约》手册的制作需要满足以下要求：

①《公约》手册要呈现《公约》全文内容。

②《公约》手册的设计要图文并茂，吸引学生。

③《公约》手册成品轻薄，便于携带。

2）《公约》手册部分页面参考效果图如下：

《公约》手册封底

《公约》手册封面

注：《公约》手册参考效果图仅作参考，请自主设计制作《公约》手册。

3. 项目资讯

1)《公约》全文包含哪些内容?

____

____

____

2)《公约》手册的设计要点有哪些?

____

____

____

4. 项目计划

绘制项目计划思维导图。

5. 项目实施

任务 1：设计《公约》手册

《公约》是对中等职业学校学生思想品质和行为习惯的基本要求，是引导学生健康成长的基本规范。《公约》手册的设计要严谨、标准；版式设计要简洁美观，有感染力。

（1）需求分析

分析客户需求，填写客户需求分析表。客户需求分析内容包括以下几方面：

1）目标人群是哪些？

2）如何确定《公约》手册的设计风格？

3）色彩如何搭配？

4）手册设计的尺寸是多少？

5）手册输出宜用哪种纸张材质？

客户需求分析表

项目名称	制作《公约》手册	
目标人群		
设计风格		
色彩搭配		
尺寸	成品尺寸：	设计尺寸：
纸张材质		

（2）规划《公约》手册内容

根据客户需求分析，进行《公约》手册的内容规划，包括文案材料和原图片素材的收集整理；绘制《公约》手册内容规划的思维导图。

（3）设计《公约》手册版式

根据客户需求并结合《公约》手册的内容规划，绘制版式设计草图，形成版式设计方案，完善下表。

版式设计方案

名　称	文案设计	版式设计
封面		

续表

名 称	文案设计	版式设计
封底		
扉页		
内容页		

注：根据自己的设计自由添加内容页。

（4）及时与客户负责人沟通

版式设计方案和内容规划形成后，应及时与客户负责人沟通，并根据客户需求及时修订方案，增删规划内容。

任务2：制作《公约》手册

1）收集制作素材。根据《公约》手册版式设计方案，加工和制作素材。

2）编辑排版。选择合适的软件，完成《公约》手册相关页面的编辑排版。

3）校对文字。逐段逐句逐字校对文字，确保文字准确无误。

4）保存并发布文档。保存文档格式为WPS文字，同时保存可供发布的PDF格式文件。

5）展示汇报。制作《公约》手册的汇报演示文稿，包括手册的风格、内容、基本框架、选用工艺（尺寸、页码、纸张材制等）、效果图展示等内容，并在项目团队内汇报后向客户展示。

6）印制《公约》手册。印制《公约》手册小样交客户确认，在确保无误后，批量印制并提交客户验收，完成项目。

6. 项目总结

（1）过程记录

记录项目实施过程中的各种情况，为工作总结提供依据，如表格不够，可自行加页。

序　号	内　容	思考及解决方法
1		
2		
3		

（2）工作总结

从整体工作情况、工作内容、反思与改进等几个方面进行总结。

7. 项目评价

内　容	要　求	评　分	教师评语
项目资讯（10分）	回答清晰准确，紧扣主题，没有明显错误		
项目计划（10分）	计划清楚，图表美观，能根据实际情况进行修改		
项目实施（60分）	实施过程安全规范，能根据项目计划完成项目		
项目总结（10分）	过程记录清晰，工作总结描述清楚		
态度素养（10分）	按时出勤、积极主动、清洁清扫、安全规范		
合计	依据评分项要求评分合计		

项目 2 制作工程图册

项目背景

工程图册是一种实用性比较强的图册，根据工程图册的设计内容分类，可分为建筑工程图册、工艺流程图册等。建筑工程图册侧重介绍某项工程的规划设计或建设实施方案等；工艺流程图册侧重记录机械加工设备或零件的制作流程、其他工艺的流程等。

某工厂为职业学校提供了一批实训材料，为方便师生使用，需为学校提供钳工实训图册，特委托前进动力广告公司来完成。公司将此项工作交给阳阳团队负责，项目团队很快对钳工实训图册中的其中一个分类项目——笔架的制作流程图册进行设计制作。

项目分析

经过调研，阳阳团队首先了解客户需求，规划图册内容，形成版式设计方案；然后选择相关软件对图文素材进行制作加工、编辑排版和文字校对，完成笔架的制作流程图册的制作，并形成汇报文稿。项目结构如图 1-2-1 所示，笔架的制作流程图册参考效果如图 1-2-2 所示。

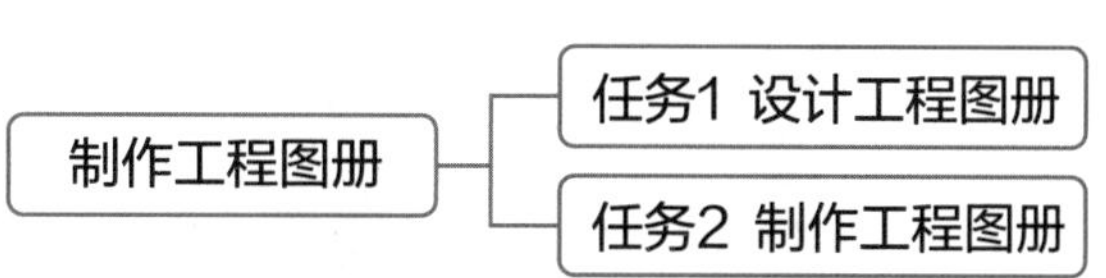

图 1-2-1　项目结构

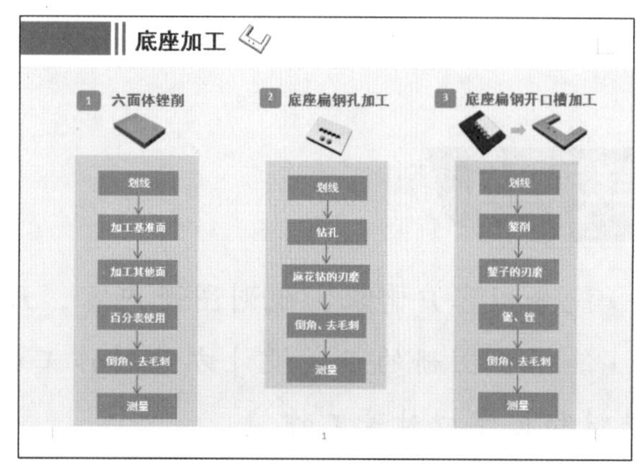

图 1-2-2　笔架的制作流程图册参考效果

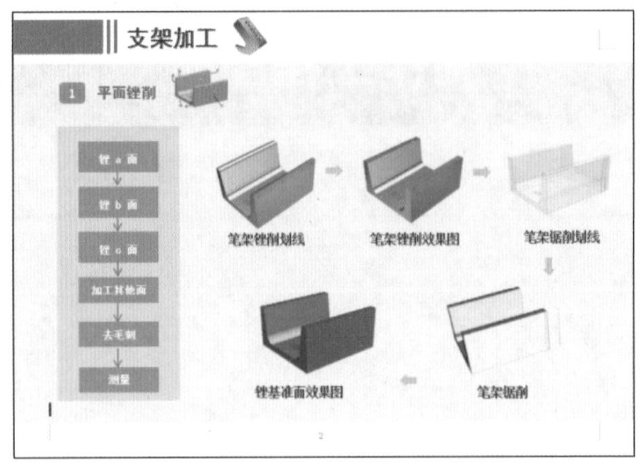

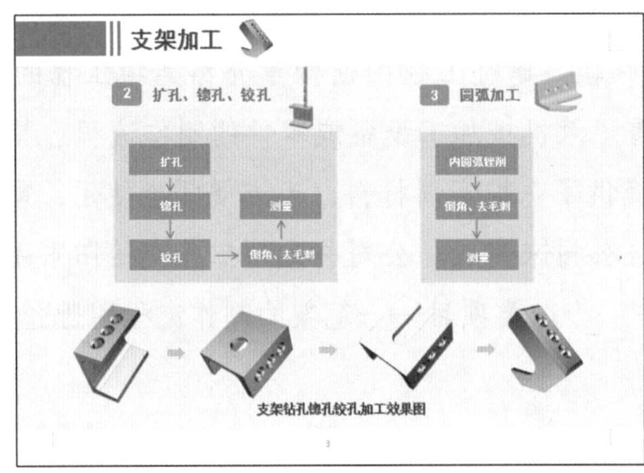

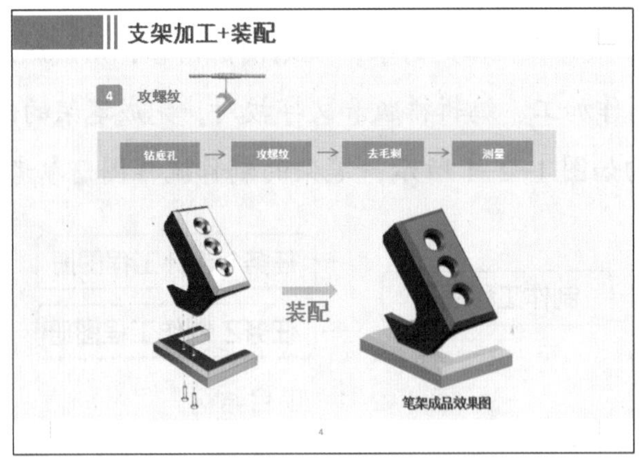

图 1-2-2　笔架的制作流程图册参考效果（续）

学习目标

• 能分析客户需求，规划图册内容，形成笔架的制作流程图册的版式设计方案。

• 能根据图册的版式设计方案制作工程图册，包括对图文素材的搜集、加工、编辑排版和文字校对等工作。

• 能制作图册的提案演示文稿，汇报展示设计成果。

任务1 设计工程图册

任务描述

阳阳团队根据装帧设计规范，结合客户需求，规划图册内容，形成版式设计方案。

任务分析

经过调研，阳阳团队首先分析客户需求，填写客户需求分析表，然后在与客户反复沟通后，规划图册内容，搜集、整理和加工文案材料、原图片等素材;绘制版式设计草图，形成工程图册版式设计方案，包括图册的封面、封底和内容页的版式设计等，选择设计软件并做好设计与制作图册的准备工作。任务路线如图 1-2-3 所示。

图 1-2-3　任务路线

任务准备

1. 工程图册设计的主要内容

工程图册的设计内容，根据其不同的用途和客户需求而定，例如，设备、机械零件生产加工流程图册，要求清楚地介绍其生产加工的具体步骤。建筑工程类项目的图册，通常包括设计说明、项目概述、设计概念、效果展示、设计分析、设计图纸、投资估算表等内容。

2. 工程图册设计原则

工程图册的设计制作，除了要遵循图册设计的一般原则外，特别要求图册内容知识的准确性、工艺步骤的严谨性。建筑工程项目类的图册设计是根据项目本身的建设理念来定位图册的设计风格；工艺流程类图册的设计风格则是根据其工艺对象的特性来定位。工程图册的设计内容重在阐述项目的整个流程，叙事性强，设计风格严谨、大气，版式简洁，文字表达准确、易读。

1. 需求分析

分析客户需求，填写客户需求分析表，如表 1-2-1 所示。

客户需求分析内容如下：

①目标人群是哪些？

②如何确定图册的设计风格？

③色彩如何搭配？

④图册的成品尺寸和设计尺寸是多少？

⑤图册输出用哪种纸张材质？

表 1-2-1　客户需求分析表

项目名称	笔架的制作流程图册制作	接收部门 / 人员	设计部 / 阳阳团队
目标人群	学习“钳工”课程的所有学生		
设计风格	简洁、稳重		
色彩搭配	蓝色 + 灰色		
尺寸	成品尺寸：210 mm×142 mm　　设计尺寸：216 mm×148 mm		
纸张材质	双胶纸		

2. 规划图册内容

根据客户需求分析，进行图册的内容规划，包括文案材料和原图片素材的收集整理。笔架的制作流程图册内容规划思路如图 1-2-4 所示。

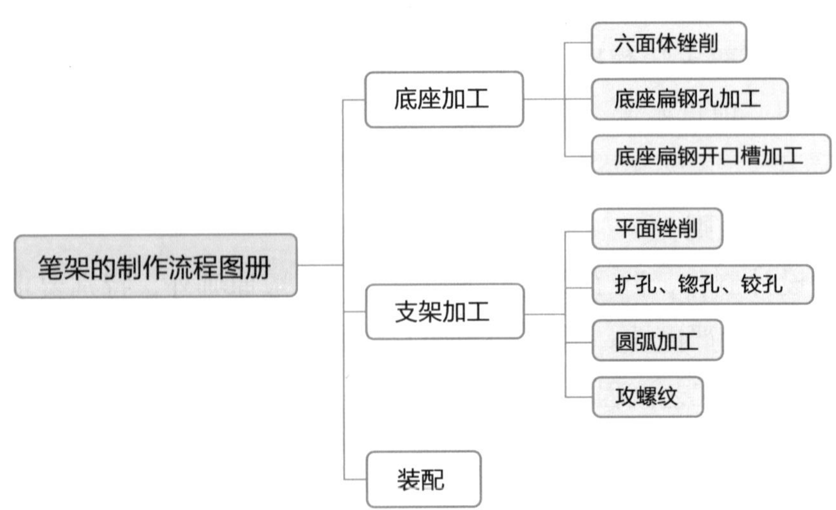

图 1-2-4　笔架的制作流程图册内容规划思路

3. 设计图册版式

根据客户需求，结合图册的内容规划，绘制版式设计草图，形成版式设计方案，如表 1-2-2 所示。

表 1-2-2 图册部分页面版式设计方案

名 称	文案设计	版式设计
首页	图册名称：笔架的制作流程 副标题：底座加工 支架加工	
内容页 1	底座加工 1. 六面体锉削（划线、加工基准面、加工其他面、百分表使用、倒角、去毛刺、测量） 2. 底座扁钢孔加工（划线、钻孔、麻花钻的刃磨、倒角、去毛刺、测量） 3. 底座扁钢开口槽加工（划线、錾削、錾子的刃磨、锯、锉、倒角、去毛刺、测量）	
内容页 2	支架加工 平面锉削（锉 a 面、锉 b 面、锉 c 面、加工其他面、去毛刺、测量） 效果图具体步骤：笔架锉削划线、笔架锉削效果图、笔架锯削划线、笔架锯削、锉基准面效果图	

因为笔架的制作是钳工实训图册的一部分，图册内容是根据客户需求来确定的，所以图册页数没有硬性规定。

4. 及时与客户负责人沟通

版式设计方案和内容规划形成后，应及时与客户负责人沟通，并根据客户需求及时修订方案，增删规划内容。

任务 2 制作工程图册

任务描述

阳阳团队根据已形成的笔架制作流程图册版式设计方案，设计与制作工程图册，待客户确认后批量印制、装订、包装工程图册，然后提交客户验收，完成项目。

任务分析

笔架的制作流程图册的编制，首先是根据项目内容规划，对图文素材进行加工和制作；然后结合版式设计方案编辑排版，包括图册封面、封底和内容页的制作；最后完成文字校对和项目汇报。任务路线如图 1–2–5 所示。

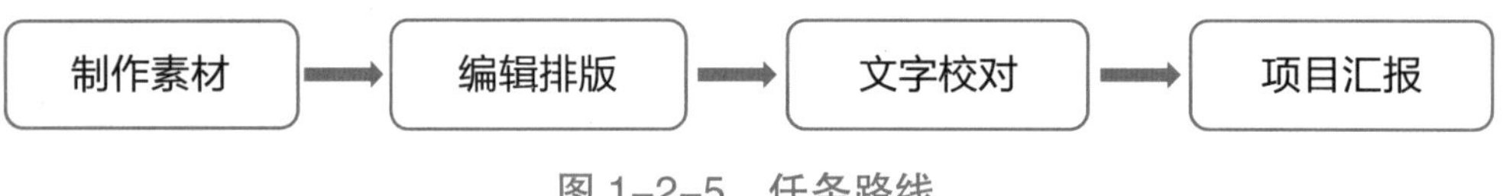

图 1–2–5　任务路线

任务实施

1. 制作素材

根据图册版式设计方案，加工和制作素材。笔架的制作流程图册所需素材如图 1–2–6 所示。

图 1–2–6　任务素材图

2. 编辑排版

（1）封面制作

WPS Office 文字中新建文档，并命名为“笔架的制作流程图册”，设置纸张大小为 216 mm × 148 mm。添加素材图片，调整图片大小，设置文字环绕方式为“四周型环绕”，放置在封面合适的位置，如图 1–2–7 所示。插入两个横向文本框，分别输入文字“笔架的制作流程”和“底座加工 支架加工”，文本框设置为无边框、无填充；绘制两个矩形，设置无边框，填充蓝色，参考效果如图 1–2–8 所示。

图 1–2–7 插入素材图片

图 1–2–8 项目标题制作

（2）“底座加工”内容页编制

步骤 1：“底座加工”页标题编制。绘制矩形，设置无边框，填充蓝色；插入横向文本框，输入文字“底座加工”；插入底座素材图片，去除背景，调整大小，设置文字环绕方式为“四周型环绕”，放在页面的左上角位置，效果如图 1–2–9 所示。

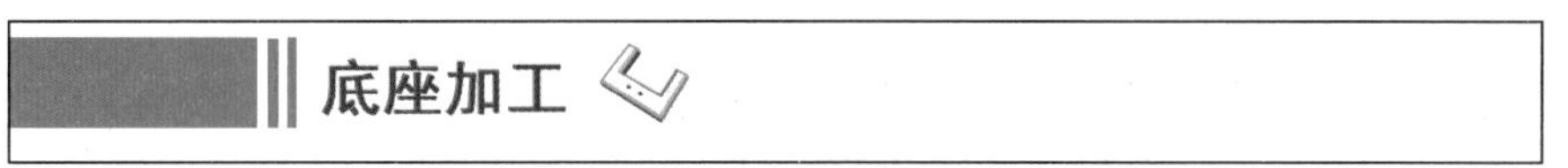

图 1–2–9 “底座加工”页标题制作

在图册的制作过程中，常常会遇到替换图片背景或去除图片背景的情况。在 WPS Office 中可使用“设置透明色”“智能抠除背景”等命令来去除图片背景。

步骤 2：页面背景制作。绘制矩形，设置无边框，填充“白色，背景 1，深色 5%”，放在合适的位置，如图 1–2–10 所示。

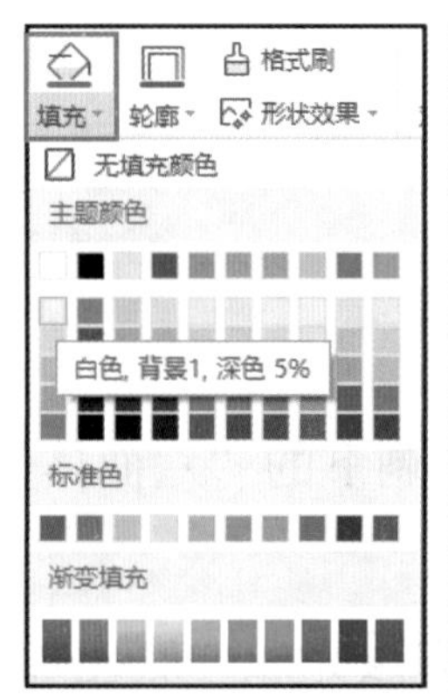

图 1–2–10 页面背景制作

步骤 3：“六面体锉削”步骤编制。插入横向文本框，输入文字“六面体锉削”；添加图片素材，去除背景。绘制圆角矩形，设置无边框，填充颜色为“矢车菊蓝，着色 1”，输入文字“1”并加粗字体；双击圆角矩形，在出现的“属性”面板中，选择“文本框”选项卡，设置上、下、左、右边距为 0 cm，如图 1-2-11 所示。

图 1-2-11　设置文本框属性

绘制颜色为“白色，背景 1，深色 15%”的矩形背景框，设置无边框；绘制一个过程流程图，设置无框，填充颜色为“矢车菊蓝，着色 1”，如图 1-2-12 所示。

图 1-2-12　绘制“六面体锉削”过程流程图

复制流程图，输入相关文字，添加蓝色箭头，完成剩下的“六面体锉削”步骤制作，效果如图 1-2-13 所示。

步骤 4：“底座加工”其他步骤编制。使用相同的方法完成“底座加工”其他步骤的制作，效果如图 1-2-14 所示。

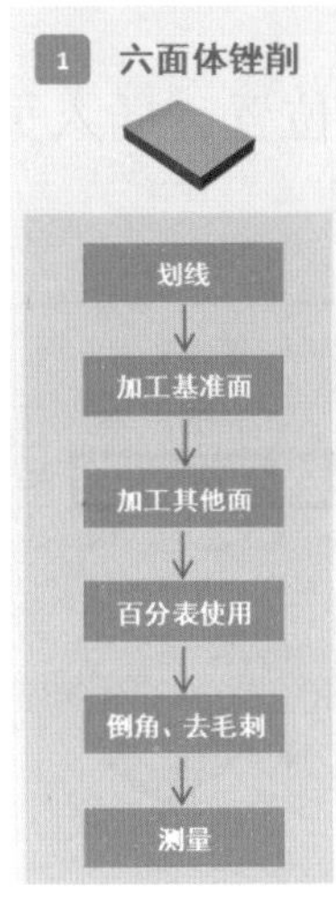

图 1-2-13 “六面体锉削”流程图效果

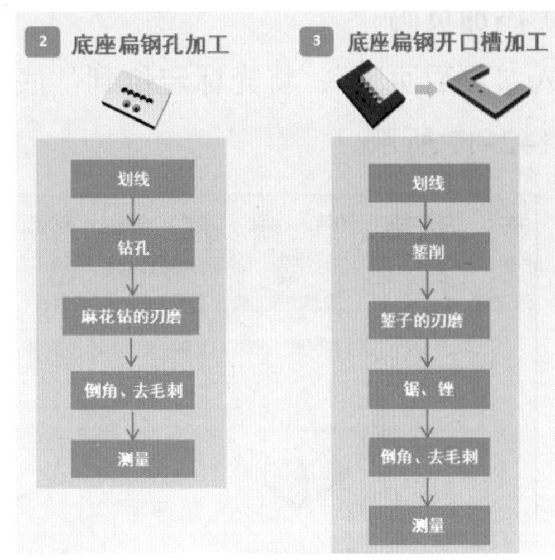

图 1-2-14 “底座加工”流程图效果

（3）“支架加工”内容页编制

使用相同的方法完成“支架加工”内容页的编制，效果如图 1-2-15 所示。

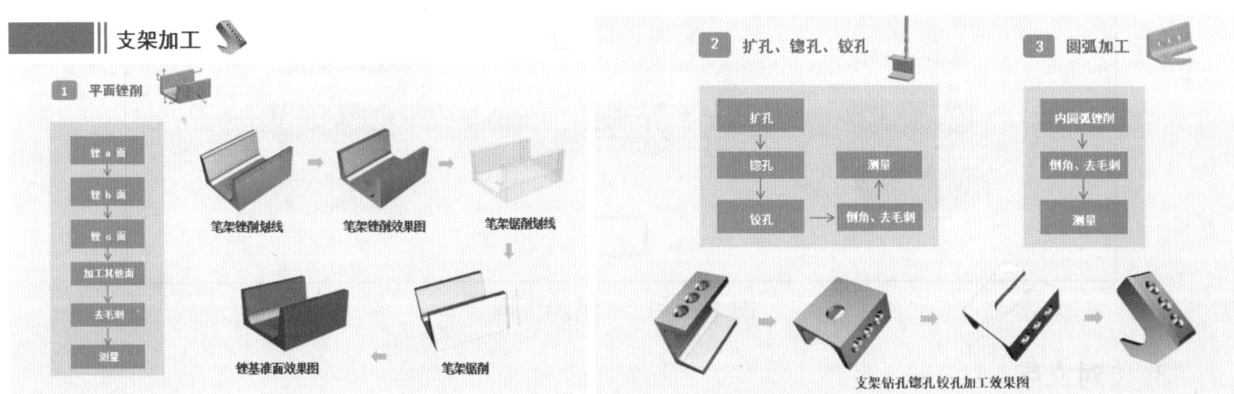

图 1-2-15 “支架加工”流程图效果

（4）“支架加工 + 装配”内容页编制

使用相同的方法完成“支架加工 + 装配”内容页的编制，效果如图 1-2-16 所示。

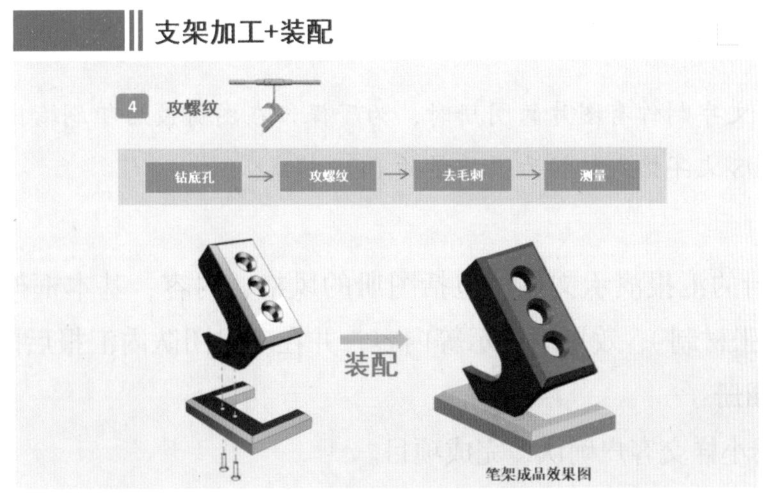

图 1-2-16 “支架加工 + 装配”流程图效果

（5）添加页码

插入“页眉页脚”，将光标定位到“底座加工”页面的页脚位置，插入页码，具体设置如图 1–2–17 所示。

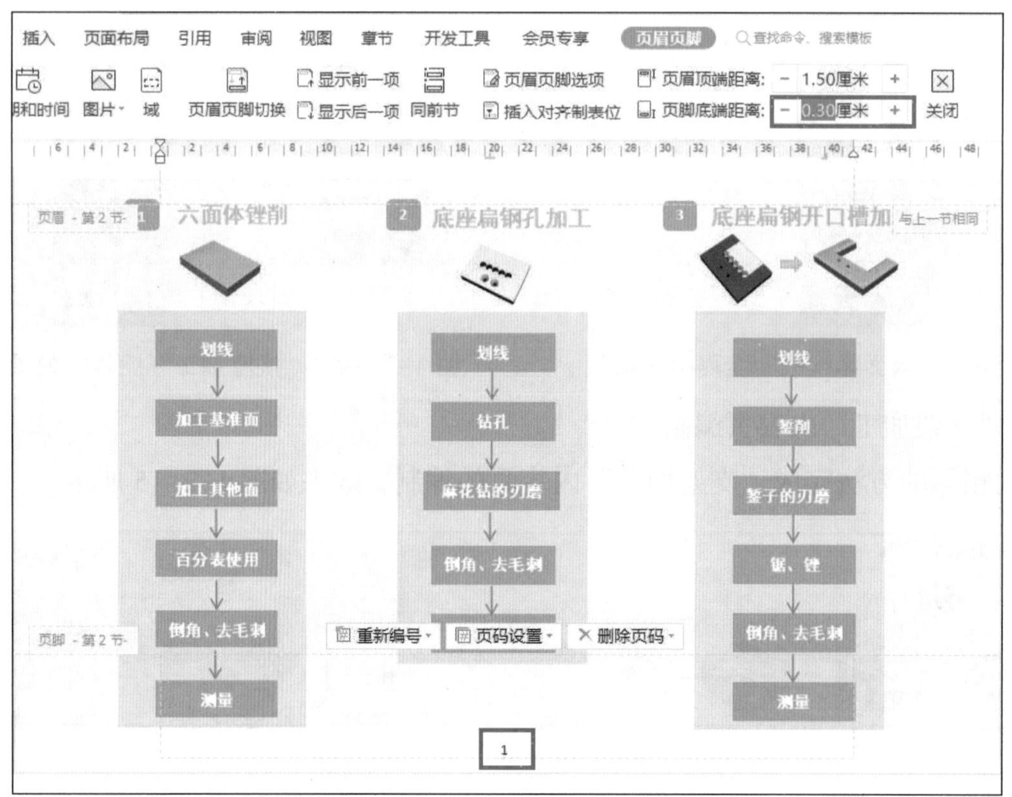

图 1–2–17　添加页码

3. 校对文字

逐段逐句逐字校对文字，确保文字准确无误。

4. 保存并发布文档

保存文档格式为 WPS 文字，同时保存可供发布的 PDF 格式文件。

在使用 WPS 文字制作有图片的图册时，为了保证在图册最后印刷输出成册时图片的清晰度，需要将 WPS 文字格式转换为高质量的 PDF 格式。

5. 展示汇报

制作工程图册的汇报演示文稿，包括图册的风格、内容、基本框架、图册选用工艺（尺寸、页码、纸张材制）、效果图展示等内容，并在项目团队内汇报后向客户展示。

6. 印制工程图册

印制工程图册小样交客户确认，完成项目。

项目分享

方案 1：各工作团队展示交流项目，谈谈自己的心得体会，并选派代表分享交流。

方案 2：由学生代表与指导教师组成项目评审组，各工作团队制作汇报材料并进行答辩。

项目评价

请根据项目完成情况填涂表 1–2–3。

表 1–2–3 项目评价表

类别	内容	评分
项目质量	1. 各个任务的评价汇总 2. 项目完成质量	☆☆☆
团队协作	1. 团队分工、协作机制及合作效果 2. 协作创新情况	☆☆☆
职业规范	1. 项目管理、实施环境规范 2. 项目实施过程、相关文档的规范	☆☆☆
建议		

注："★☆☆"表示一般，"★★☆"表示良好，"★★★"表示优秀。

项目总结

本项目依据行动导向理念，将行业中的某工程图册设计与制作的典型工作任务——制作笔架的制作流程图册，转化为项目学习内容，注重学生创意设计能力的培养。学习内容即工作任务，通过工作实现学习。本项目共分为两个任务，在"设计工程图册"任务中介绍了如何分析客户需求、规划图册内容及设计图册版式；在"制作工程图册"任务中介绍了选择适合的软件制作图册的相关技能，注重职业素养的养成。

项目拓展 制作垃圾分类图册

1. 项目背景

为形成示范效应，做好生活垃圾分类工作，某市垃圾分类领导小组准备开展“垃圾分类宣传周活动”。市环保志愿者协会打算在活动现场给市民分发垃圾分类图册，呼吁大家做好垃圾分类工作，增强大家的垃圾分类意识。制作垃圾分类图册制作要求：内容简单，版式美观、大方，图文并茂，篇幅小、易携带。

2. 预期目标

1）垃圾分类图册的制作需要满足以下要求：

①图册内容包括生活垃圾分类的概念、意义及常见的标识等基本知识。

②图册的设计要接近生活，图文并茂，有吸引力。

③图册成品轻薄，便于携带。

2）垃圾分类图册部分页面参考效果图如下：

垃圾分类图册封面页

垃圾分类图册目录页

注：垃圾分类图册参考效果图仅作参考，请自主设计制作图册。

3. 项目资讯

1）垃圾分类图册包含哪些内容？

____

____

____

2）垃圾分类图册的设计原则是什么？

____

____

____

4. 项目计划

绘制项目计划思维导图。

5. 项目实施

任务 1：设计垃圾分类图册

垃圾分类图册的设计风格以环保为主；文案在科学、严谨的基础上也要有创意，能够吸引读者；版式设计美观大方，色彩搭配合理，视觉舒适；图片的选择和处理符合项目风格。

（1）需求分析

分析客户需求，填写客户需求分析表。客户需求分析内容包括以下几方面：

1）目标人群是哪些？

2）图册需要重点体现的元素是什么？

3）如何确定图册的设计风格？

4）色彩如何搭配？

5）图册输出宜采用哪种纸张材质？

客户需求分析表

项目名称	制作垃圾分类图册	
目标人群		
需要重点体现的元素		
设计风格		
色彩搭配		
尺寸	成品尺寸：	设计尺寸：
纸张材质		

（2）规划垃圾分类图册内容

根据客户需求分析，进行图册的内容规划，包括文案材料和原图片素材的收集整理；绘制图册内容规划的思维导图。

（3）设计垃圾分类图册版式

根据客户需求且结合图册的内容规划，绘制版式设计草图，形成版式设计方案，完善下表。

版式设计方案

名　称	文案设计	版式设计
封面		

续表

名　称	文案设计	版式设计
封底		
目录页		
内容页		

注：根据自己的设计自由添加内容页。

（4）及时与客户负责人沟通

版式设计方案和内容规划形成后，应及时与客户负责人沟通，并根据客户需求及时修订方案，增删规划内容。

任务 2：制作垃圾分类图册

1）收集制作素材。根据图册的版式设计方案，加工和制作素材。

2）编辑排版。选择合适的软件，完成图册相关页面的编辑排版。

3）校对文字。逐段逐句逐字校对文字，确保文字准确无误。

4）保存并发布文档。保存文档格式为 WPS 文字，同时保存可供发布的 PDF 格式文件。

5）展示汇报。制作垃圾分类图册的汇报演示文稿，包括图册的风格、内容、基本框架、选用工艺（尺寸、页码、纸张材制）、效果图展示等内容，并在项目团队内汇报后向客户展示。

6）印制垃圾分类图册。印制垃圾分类图册小样交客户确认，在确保无误后，批量印制并提交客户验收，完成项目。

6. 项目总结

（1）过程记录

记录项目实施过程中的各种情况，为工作总结提供依据，如表格不够，可自行加页。

序　号	内　容	思考及解决方法
1		
2		
3		

（2）工作总结

从整体工作情况、工作内容、反思与改进等几个方面进行总结。

7. 项目评价

内　容	要　求	评　分	教师评语
项目资讯（10分）	回答清晰准确，紧扣主题，没有明显错误		
项目计划（10分）	计划清楚，图表美观，能根据实际情况进行修改		
项目实施（60分）	实施过程安全规范，能根据项目计划完成项目		
项目总结（10分）	过程记录清晰，工作总结描述清楚		
态度素养（10分）	按时出勤、积极主动、清洁清扫、安全规范		
合计	依据评分项要求评分合计		

项目 3 制作宣传画册

项目背景

宣传画册是企业的名片，它包含企业的文化、产品信息和荣誉等内容，展示了企业的精神和理念，通过其版面的构成元素，吸引人们的注意力，引起大众的兴趣，从而达到宣传的效果。

蒲江县政府为了切实落实、抓好乡村振兴战略工作，聚焦农业高质量发展，坚持“茶叶、柑橘、猕猴桃”三大主导产业，实现产业园建设全覆盖。为促进农产品产销对接，拓宽销售渠道，扩大销售规模，带动农民增收，县政府决定多方面、多渠道加大蒲江农产品的宣传，特拟定设计制作蒲江特色农产品的宣传画册。前进动力广告公司承接了该项目，并让阳阳团队完成这个项目的任务。

项目分析

经过调研，项目团队首先了解客户需求，规划宣传画册内容，形成版式设计方案；然后选择相关软件，对搜集的图文素材进行制作、加工、编辑排版和文字校对，完成农产品宣传画册的制作，并形成汇报文稿。项目结构如图 1-3-1 所示，项目效果如图 1-3-2~ 图 1-3-7 所示。

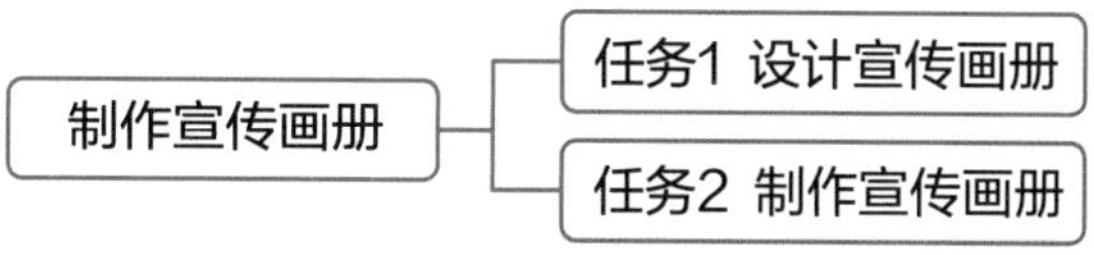

- 制作宣传画册
  - 任务1 设计宣传画册
  - 任务2 制作宣传画册

图 1-3-1 项目结构

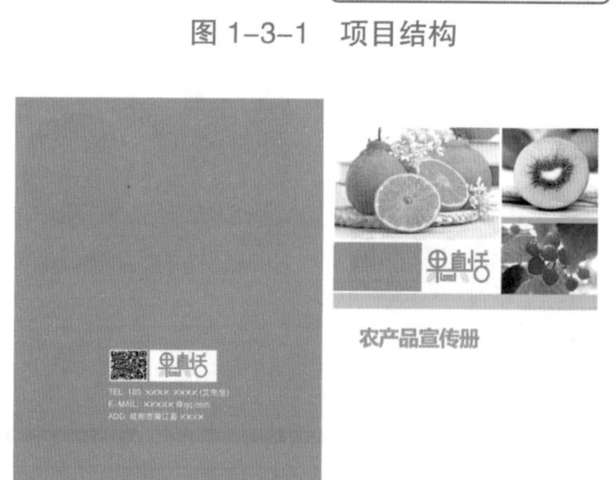

图 1-3-2 农产品宣传画册——封面和封底

图 1-3-3　农产品宣传画册——目录页

图 1-3-4　农产品宣传画册——蒲江简介页

图 1-3-5　农产品宣传画册——雀舌页

图 1-3-6 农产品宣传画册——猕猴桃页

图 1-3-7 农产品宣传画册——丑柑页

学习目标

• 能根据客户需求，搜集整理文案和相关素材，合理规划宣传画册内容，形成宣传画册版式设计方案。

• 能根据宣传画册的版式设计方案，灵活运用多种图文编辑软件或功能插件，设计并制作出视觉效果突出、有吸引力的宣传画册，完成包括对图文素材的制作加工、编辑排版、版式美化和文字校对等工作。

• 能制作宣传册的提案演示文稿，汇报展示设计成果。

任务1 设计宣传画册

任务描述

项目团队到蒲江县实地调研，了解产品信息和客户的真实需求，获取相关素材并进行宣传画册的内容规划，完成版式设计方案。

任务分析

项目团队充分了解农产品特点后，与客户进一步沟通，了解客户需求后规划宣传画册的内容，包括文案材料和原图片素材的搜集整理等；绘制版式设计草图，形成宣传画册版式设计方案，包括宣传画册的封面、封底和内容页的版式设计等；选择好图文编辑软件、图片处理软件等，并做好在软件中设计与制作宣传册的准备工作。任务路线如图1-3-8所示。

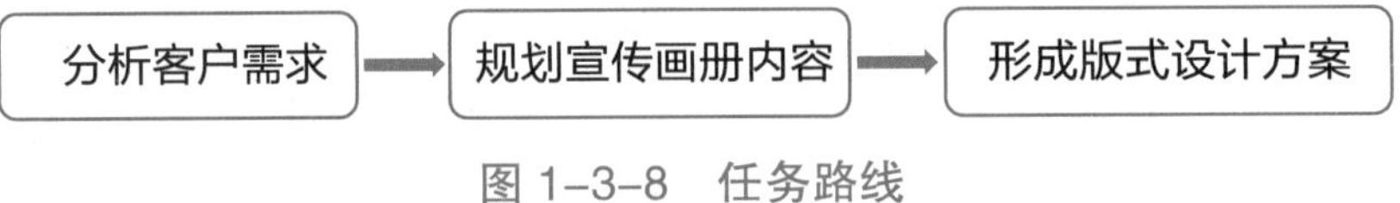

图 1-3-8 任务路线

1. 宣传画册的分类

在现实生活中，我们经常可以见到各式各样的宣传画册。根据宣传内容和形式的差异，可分为企业宣传画册、知识宣传画册、产品宣传画册等，如图1-3-9~图1-3-11所示；根据宣传画册的形态划分，可分为印刷宣传画册和电子宣传画册等。

图 1-3-9 企业宣传册

图 1-3-10　知识宣传画册

图 1-3-11　家居产品宣传画册

2. 产品宣传画册的主要内容

(1) 企业介绍

企业介绍内容板块是比较常见的宣传画册内容的设计，也是宣传画册不可缺少的内容。这个板块通常包括企业简介、企业文化、企业理念、企业荣誉和组织结构。通过企业介绍板块，可以让用户快速了解到企业的一些基本信息。

（2）核心产品和服务

企业产品板块是宣传画册重点内容板块，主要介绍产品的性能、功能、售后和优势等。

（3）合作伙伴和案例展示

在产品宣传画册上展示自己的客户或者协作同伴和成功的案例有利于展示企业实力，为用户提供更多支持企业的理由，这样的板块内容有利于提升企业的实力。

3. 产品宣传画册的设计理念

将产品的印象、信息通过视觉化的经营要素真实地传达给诉求对象，使其成为产品宣传的有力手段。

4. 产品宣传画册的设计原则

产品宣传画册的设计除遵循图册的设计原则之外，还应注意以下几点。

（1）设计的整体风格应符合产品的品牌特点

品牌是产品的标志，产品宣传画册设计应着重从产品本身的特点出发，设计的整体风格应符合企业的品牌特点。图 1–3–12 所示为某企业 LED 产品宣传画册。

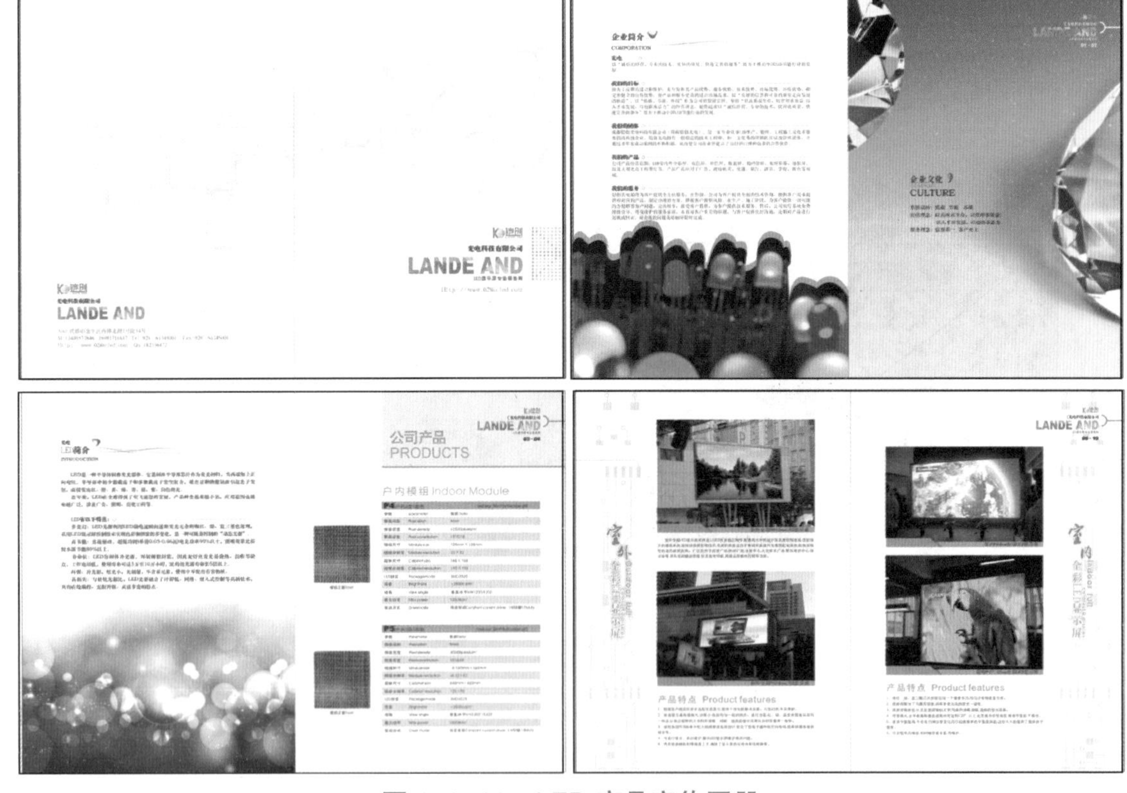

图 1–3–12　LED 产品宣传画册

（2）版式设计更突出产品特性

要根据不同的产品来变换排版的方式和形式，而且要区别对待色彩形象，突出集中版面设计要素。合理的间隔和留白设计出共性形象，再安排其他的点缀要素，专注用关键点来带动整个页面的布局，好的版式设计更能吸引客户，如图 1–3–13 所示。

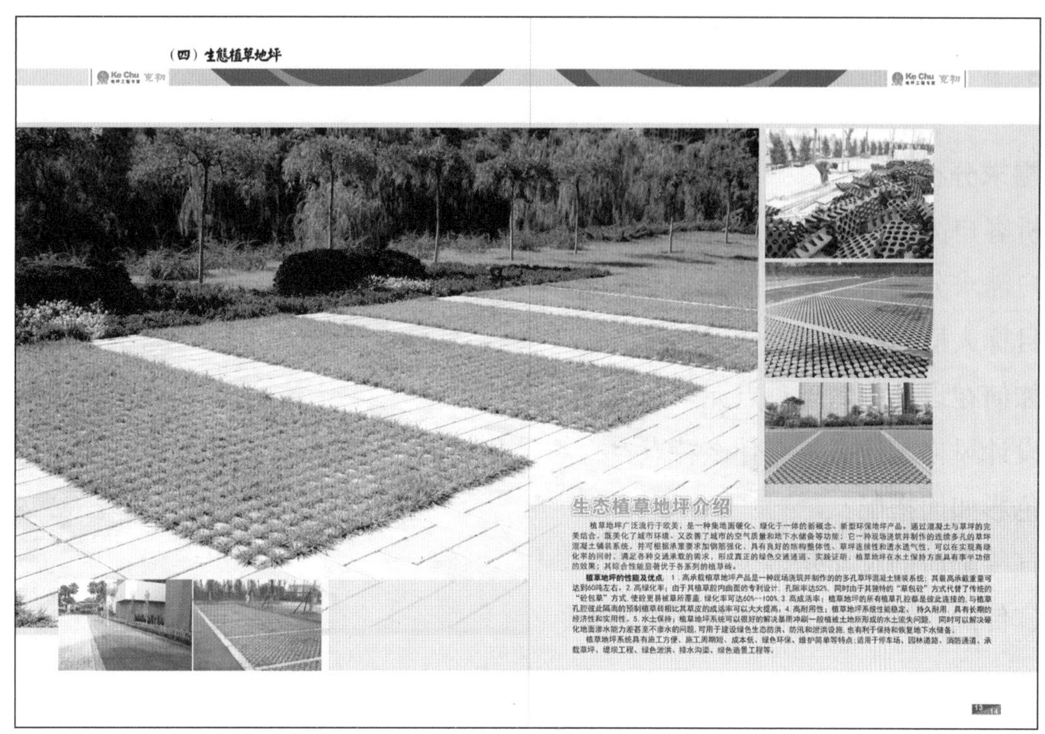

图 1–3–13 企业产品宣传画册内页

（3）文案能精准描述产品的信息

文案是剖析产品的钥匙，在做产品的介绍时，所配的文字要简短，并能准确地阐述产品的基本信息和功能等，将产品做到全面的体现，让客户更好地了解该产品并对产品印象深刻。字体的选择与运用首先要便于识别，容易阅读，不采用生僻字体，如图 1–3–14 所示。

图 1–3–14 产品宣传内容页

1. 需求分析

分析客户需求，填写客户需求分析表，如表 1–3–1 所示。

客户需求分析内容如下：

①目标人群是哪些？

②如何在设计中体现重点元素？

③设计风格是什么？有什么特点？

④色彩如何搭配？

⑤宣传画册的尺寸是多少？

⑥宣传画册输出采用哪种纸张材质？

表 1–3–1　客户需求分析表

项目名称	蒲江农产品宣传画册制作	接收部门 / 人员	设计部 / 阳阳团队
目标人群	社会大众		
重点元素的体现	蒲江简介、蒲江特色农产品：雀舌、猕猴桃、丑柑		
设计风格	简约田园风格		
色彩搭配	以绿色、黄色为主		
尺寸	成品尺寸：210 mm × 285 mm　设计尺寸：426 mm × 291 mm		
纸张材质	封面、封底：300 克铜版纸　内页：200 克铜版纸		

2. 规划宣传画册内容

根据客户需求分析，结合农产品特点，规划农产品宣传画册的内容，包括文案材料和搜集、加工、整理原图片素材；绘制农产品宣传画册内容规划的思维导图，如图 1–3–15 所示。

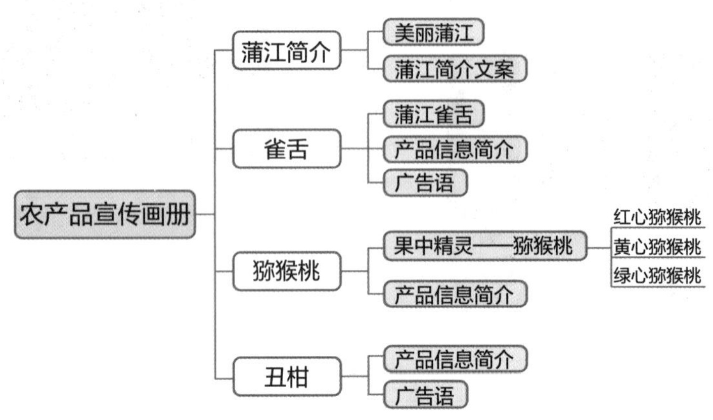

图 1–3–15　农产品宣传画册内容规划的思维导图

3. 设计宣传画册版式

根据客户需求，结合农产品特点，规划宣传画册的内容，绘制版式设计草图，形成版式设计方案，完善表 1–3–2。

表 1–3–2 产品宣传画册部分页面的版式设计方案

宣传画册项目	文案设计	版式设计
封面、封底	1. 农产品宣传册 2. TEL：180 ×××× ××××（艾先生） 3. E-MAIL：×××××@qq.com 4. ADD：成都市蒲江县 ××××	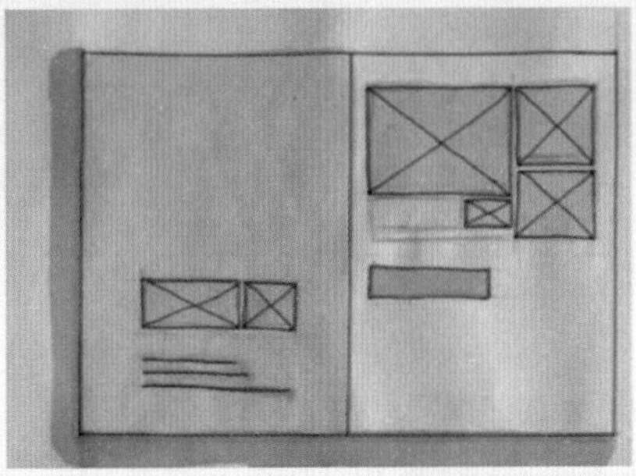
目录页	01 美丽蒲江 02 雀舌 03 猕猴桃 04 丑柑	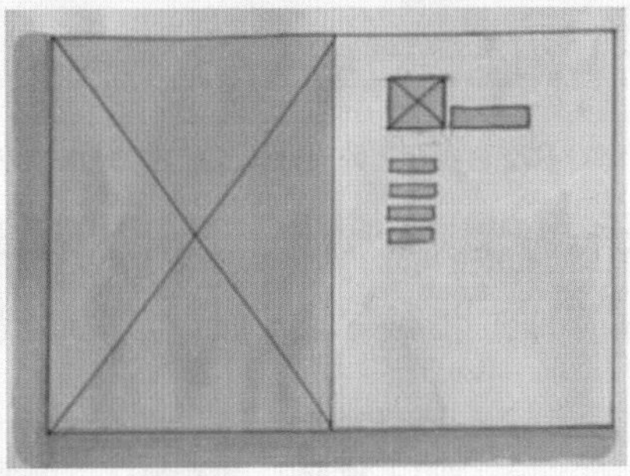
内容页 1	1. 明星产品系列 2. 果中精灵——猕猴桃 3. 蒲江县猕猴桃简介 4. 红心猕猴桃简介 5. 黄心猕猴桃简介 6. 绿心猕猴桃简介	
内容页 2	1. 丑柑 2. 精品 3. 丑柑简介	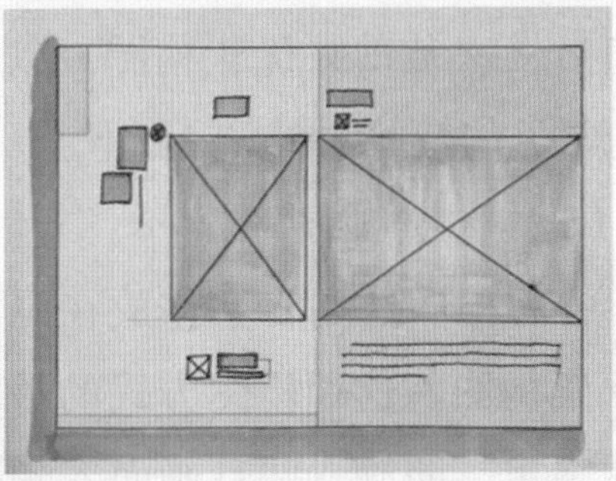

4. 及时与客户负责人沟通

版式设计方案和内容规划形成后，应及时与客户负责人沟通，并根据客户需求及时修订方案，增删规划内容。

任务 2 制作宣传画册

任务描述

根据已形成的农产品宣传画册版式设计方案，分工完成设计与制作宣传画册，待客户确认后批量印制，提交验收，完成项目。

任务分析

制作宣传画册，首先要根据项目内容规划，搜集图文素材，灵活运用多种图文编辑软件或功能插件对图文素材进行加工和制作；然后编辑排版，包括宣传画册封面、封底、目录和内容页的制作，设计图文效果等；最后完成文字校对，生成可供发布的 PDF 文档，制作项目汇报演示文稿。任务路线如图 1-3-16 所示。

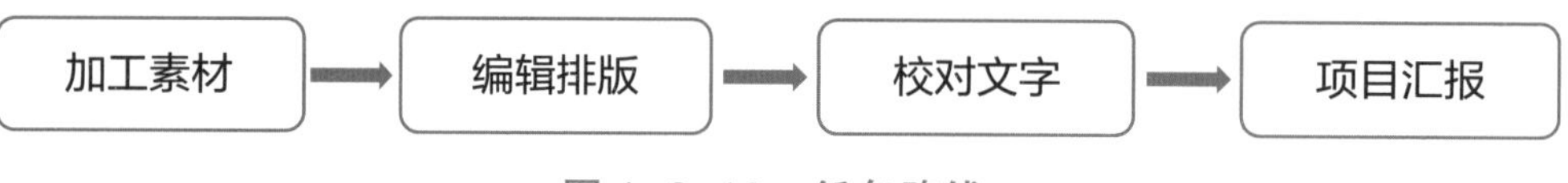

图 1-3-16　任务路线

任务准备

1. 裁剪构图的常用方法

当素材图片不符合实际使用需求时，需要通过二次裁剪来优化构图，以满足实际需求。常见的裁剪构图方法如下。

（1）中心构图法

中心构图法是将主体放在画面的中心进行框架构图。这种构图方式的最大优点在于主体突出、明确，并且画面容易确定左右平衡的效果，如图 1-3-17 所示。

图 1-3-17　中心构图法

（2）对角线构图法

对角线构图法是指主体沿画面对角线方向排列，表现出主体动感，显得活泼。不同于常规的横平竖直，对角线构图对欣赏者来说，画面更加舒适、饱满，视觉体验更加强烈，如图 1–3–18 所示。

（3）变化式构图法

变化式构图又可称为留白构图。它是将主体安排在一边或者某一个角，留出大部分空白画面，整个画面给人以思考和想象的空间，富于韵味和情趣，如图 1–3–19 所示。

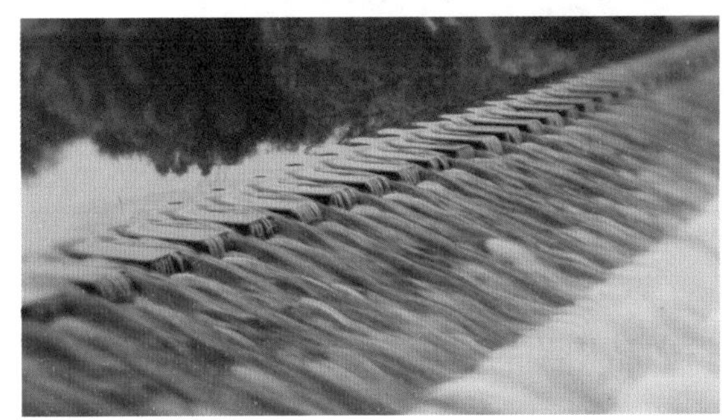

图 1–3–18　对角线构图法

图 1–3–19　变化式构图法

（4）对称构图法

对称构图即按照一定的对称轴或对称中心，使画面中景物形成轴对称或者中心对称，如图 1–3–20 所示。

（5）三分构图法

三分构图法是指把画面横向或竖向平分为 3 份，被摄主体或主题边缘通常位于三分线上的一种构图方式，如图 1–3–21 所示。

图 1–3–20　对称构图法

图 1–3–21　三分构图法

（6）九宫格构图法

九宫格构图又称为井字形构图，就是把画面的长和宽各用两条线平均分成 3 份，形成 9 小格，线条交叉处的 4 个点称为“趣味中心”，它们便是良好构图中主体应处的位置，如图 1–3–22 所示。

图 1–3–22　九宫格构图法

2. 调整图像色彩

在设计宣传画册的过程中，往往会用到许多与产品相关的图片，图片质量的好坏直接影响宣传画册的宣传效果，精美的图片能让人印象深刻，更容易记住宣传画册的内容，是宣传画册成功的基础。所以，为了满足设计制作的要求，通常会对图片进行美化。要美化图片，需要了解图像处理中色相、明度、纯度、色温、亮度、对比度等基本概念的定义和作用。

（1）色相

色相就是色彩的“相貌”，如深红、天蓝就是指不同的色相。色相是色彩的首要特征，是区分不同颜色的标准。不同的颜色赋予画面不同的表现力，带给人不同的心理感受，如图 1–3–23 所示。

图 1–3–23　不同色相对比

（2）明度

明度指色彩之间的深浅差别。色彩明度包含两个方面：不同色彩的明度和同一色彩的明度。色彩明度越高、越清明，适合表达一种轻松的氛围；明度越低、越厚重，适合表达一种沉重的有质感的氛围。如图 1–3–24 所示，图 1–3–24（a）是原图，另外 3 幅图分别是不同明度值对应的图片效果，当明度调到最低时，为黑色，调到最高时，为白色。

图 1-3-24 不同明度对比

(a)原图；(b)最低明度；(c)较高明度；(d)最高明度

(3)纯度

纯度是指色彩的鲜艳度，又称为色彩的饱和度、彩度。颜色的饱和度越高，就越鲜艳；反之，当饱和度最低时，画面就呈现黑白效果，如图 1-3-25 所示。高纯度色彩容易引起人们兴奋；中纯度色彩使人感觉丰满、柔和、沉静；低纯度色彩含混、单调。

图 1-3-25 不同纯度对比

(a)原图；(b)饱和度 58%；(c)饱和度 -96%

(4)色温

色温是指色彩的温度，用于调整画面的颜色，使画面偏黄或偏蓝，如图 1-3-26 所示。

图 1-3-26 不同色温对比

(a)原图；(b)低色温；(c)高色温

1. 加工素材

（1）设置图片尺寸

在美图秀秀软件中使用“美化图片”功能打开“素材”文件夹中的“丑柑”文件，并选择“尺寸”项对图片高度、宽度和单位进行设置，最后单击“确定”按钮，如图 1–3–27 所示。

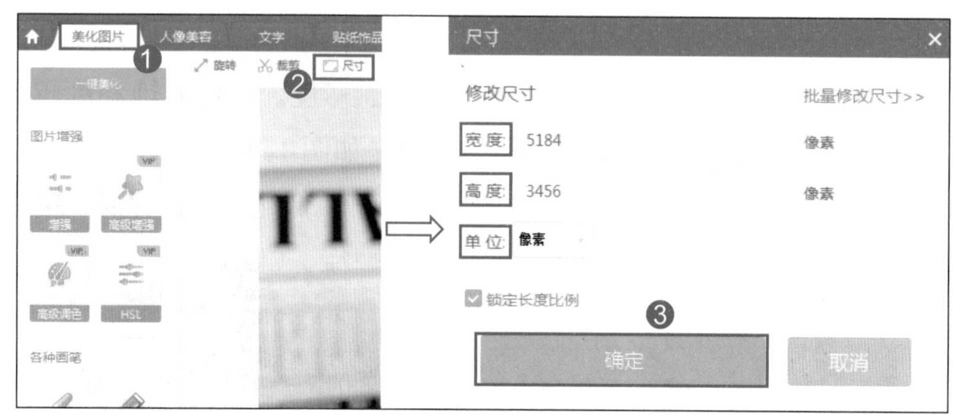

图 1–3–27 设置图片尺寸

（2）裁剪图片

在美图秀秀软件中使用“美化图片”功能打开“素材”文件夹中的“丑柑”文件，选择“裁剪”项，拖动边线和控制柄改变裁剪范围，根据自己的需求进行图片裁剪，最后单击“应用当前效果”按钮，如图 1–3–28 所示。

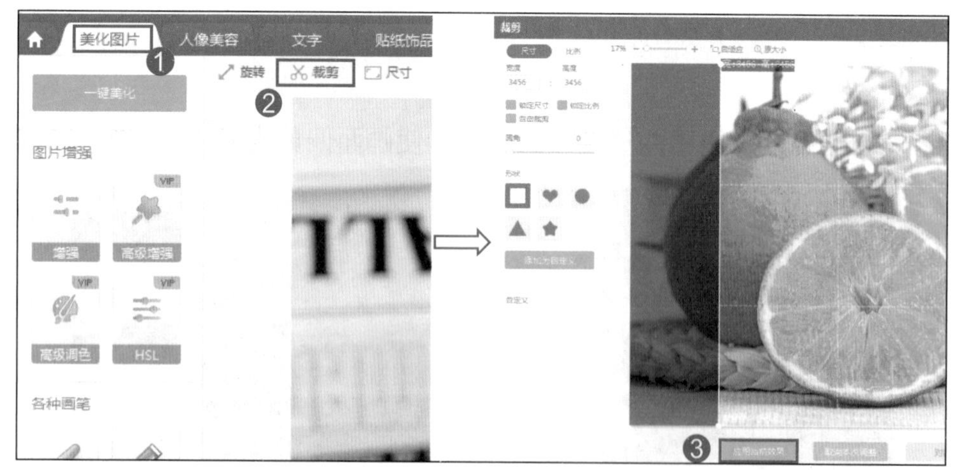

图 1–3–28 剪切图片

（3）美化图片

在美图秀秀软件中使用“美化图片”功能打开“素材”文件夹中的图片，根据设计的效果，选择相应功能对图片进行逐一美化，如图 1–3–29 所示。

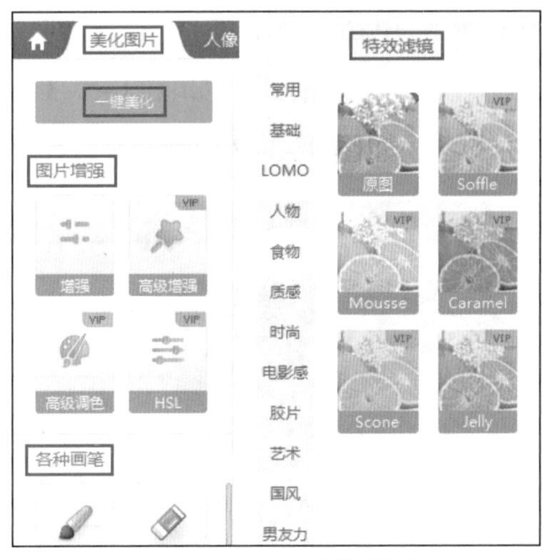

图 1-3-29 美化图片

2. 编辑排版

（1）制作封面和封底

步骤 1：在美图秀秀软件中启动“拼图”功能，单击“自由拼图”图标，如图 1-3-30 所示。

图 1-3-30 自由拼图

步骤 2：设置背景。在“自由拼图”中设置画布大小为 426 mm × 291 mm（高度：1 610 像素，宽度：1100 像素），执行“图片背景”→“自定义”→“导入自定义素材”命令，添加素材中的“背景图片”作为背景图片，如图 1-3-31 所示。

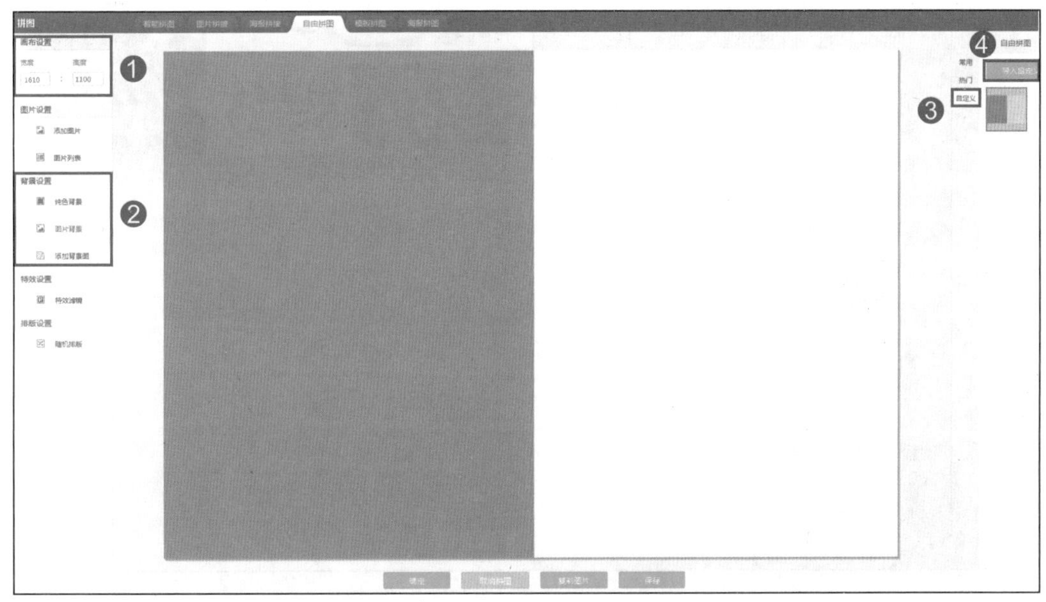

图 1-3-31 添加背景图片

步骤 3：添加并设置图片样式。单击“添加图片”，添加“素材”文件夹中的“丑柑”图片，在“图片设置”对话框中设置图片格式，如图 1–3–32 所示。采用同样的方法添加所需图片，并完成页面图片的排版，如图 1–3–33 所示。

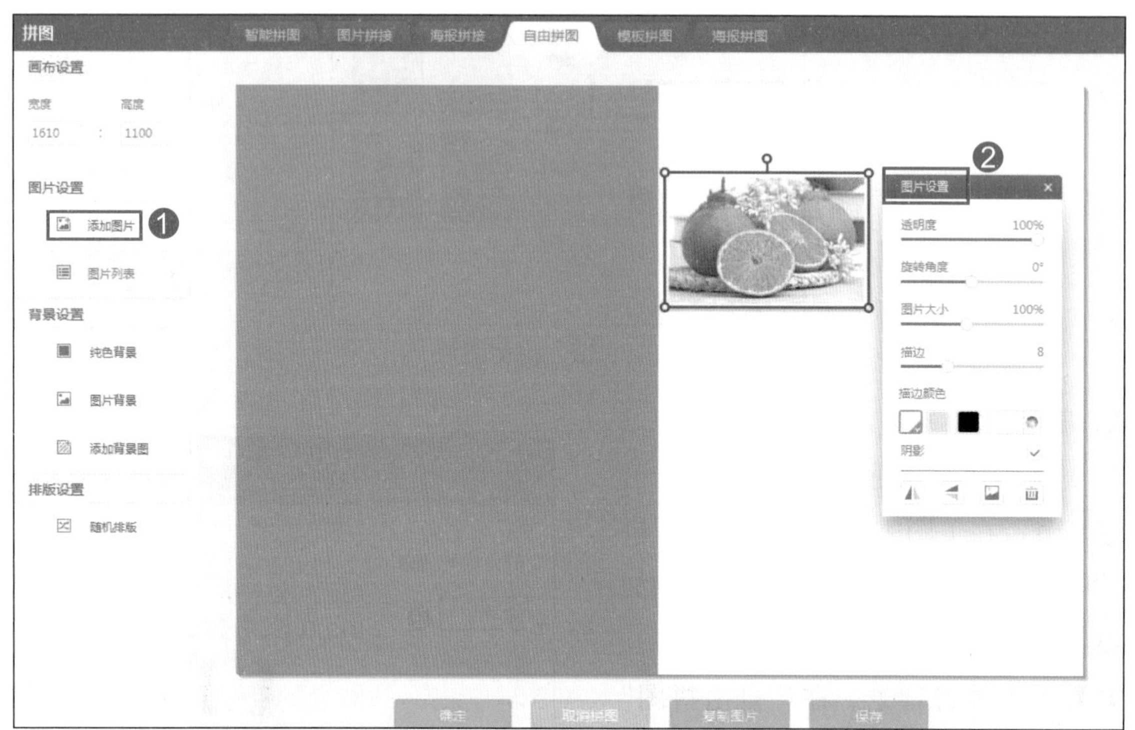

图 1–3–32　添加并设置图片

图 1–3–33　完成图片添加后的效果

步骤 4：添加文字并设置文字效果。完成图片排版后，单击“确定”按钮返回拼图界面。单击“文字”选项卡启动文字功能；单击“输入文字”选项，在弹出的“文字编辑”对话框中输入文字并设置文字效果，然后单击“确定”按钮，如图 1-3-34 所示。最终完成效果如图 1-3-35 所示。

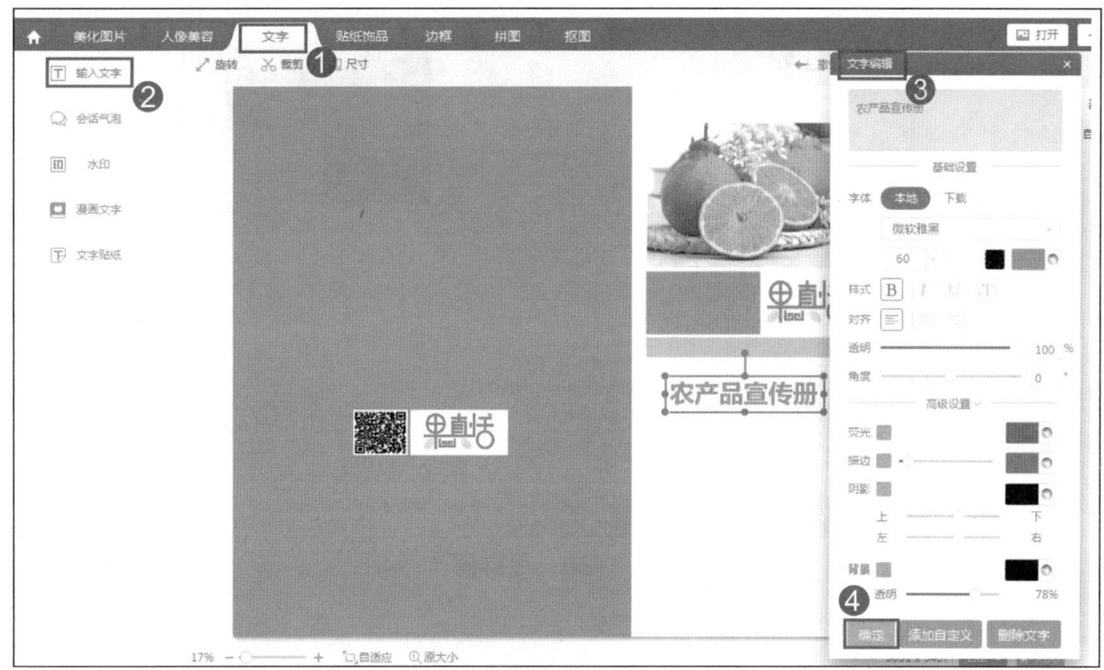

图 1-3-34　输入文字并设计文字效果

图 1-3-35　最终效果图

步骤 5：保存图片。单击右上方的“保存”按钮，在弹出的“保存”对话框中根据自己的需求设置“保存路径”“文件名与格式”“画质调整”后，单击“保存”按钮，如图 1-3-36 所示。

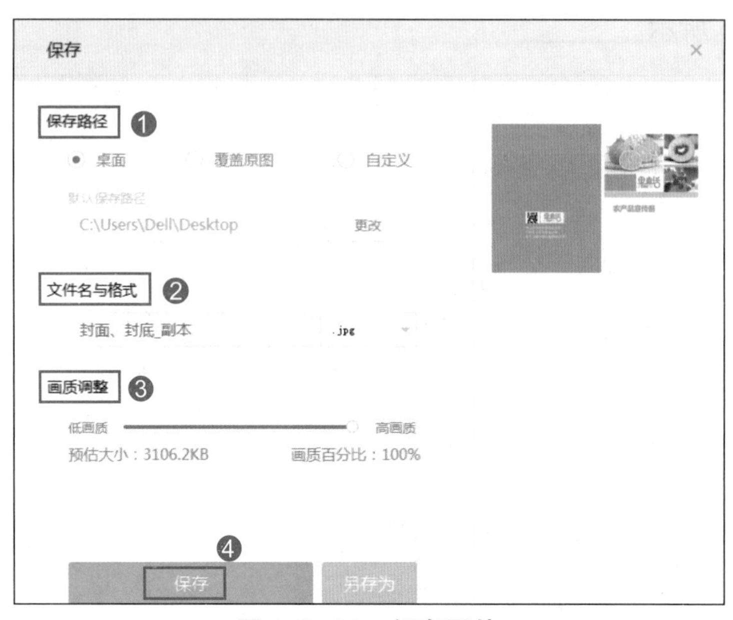

图 1-3-36 保存图片

（2）制作目录和正文页面

使用相同的方法，结合宣传画册版式设计方案制作目录和正文页面。参考效果如图 1-3-2~ 图 1-3-7 所示。

3. 校对文字

逐段逐句逐字校对文字，确保文字准确无误。如果文字有误，请修改后，再次保存图片。

4. 展示汇报

制作农产品宣传画册的汇报演示文稿，包括画册的风格、内容、基本框架、画册选用工艺（尺寸、页码、纸张材制）、效果图展示等内容，并在项目团队内汇报后向客户展示。

5. 印制宣传画册

印制宣传画册小样交客户确认，在确保无误后批量印制画册，提交客户验收，完成项目。

项目分享

方案 1：各工作团队展示交流项目，谈谈自己的心得体会，并选派代表分享交流。

方案 2：由学生代表与指导教师组成项目评审组，各工作团队制作汇报材料并进行答辩。

项目评价

请根据项目完成情况填涂表 1-3-3。

表 1-3-3 项目评价表

类 别	内 容	评 分
项目质量	1. 各个任务的评价汇总 2. 项目完成质量	☆☆☆
团队协作	1. 团队分工、协作机制及合作效果 2. 协作创新情况	☆☆☆
职业规范	1. 项目管理、实施环境规范 2. 项目实施过程、相关文档的规范	☆☆☆
建议		

注：“★☆☆”表示一般，“★★☆”表示良好，“★★★”表示优秀。

项目总结

本项目依据行动导向理念，引入行业中宣传画册设计与制作的典型工作任务——设计与制作某区域农产品宣传画册，转化为项目学习内容，将课堂搬进一线企业，实现“做中学，做中教”，并注重学生创意设计能力的培养。本项目共分为两个任务，在“设计宣传画册”任务中介绍了如何分析客户需求、根据客户需求规划宣传册内容并制定宣传册版式；在“制作宣传画册”任务中，介绍了选择适合的软件对图文素材进行加工、美化处理，介绍了如何使用图文编辑软件完成宣传画册的制作，以及一些批处理图片的技巧。通过项目的实施，培养团队合作、创新精神和精益求精的工匠精神，注重职业素养的养成。

项目拓展 制作风景摄影集

1. 项目背景

九寨沟是世界自然遗产、国家重点风景名胜区、国家 AAAAA 级旅游景区、国家级自然保护区、国家地质公园、世界生物圈保护区，是中国第一个以保护自然风景为主要目的的自然保护区。此景区声名远播，东方人称其为“人间仙境”，西方人则将其誉为“童话世界”。

为了将九寨沟的美景更好地展现给大家，让全世界旅游爱好者更了解九寨沟，吸引更多游客，发展好当地的旅游经济，景区管理局准备做一本景区摄影集。

2. 预期目标

1）风景摄影集的制作需要满足以下要求：

①风景摄影集中的图片应主题明确、曝光正确、构图完整、画面简洁，并且能引起人们的共鸣。

②文案能准确描述出图片的意境，给人以想象的空间。

③风景摄影集设计风格统一，色彩搭配合理，符合风景摄影集的风格定位，版式设计简洁美观，有艺术感染力。

2）风景摄影集参考效果图如下：

风景摄影集封面封底页

风景摄影集目录页

风景摄影集五花海页

风景摄影集长海页

风景摄影集诺日朗瀑布页

风景摄影集珍珠滩瀑布页

注：风景摄影集参考效果图仅作参考，学生可自主设计制作。

3. 项目资讯

1）风景摄影集包含哪些内容？

2）风景摄影集的设计原则是什么？

4. 项目计划

绘制项目计划思维导图。

5. 项目实施

任务 1：设计风景摄影集

风景摄影集主要是展现自然风光照片的影集，图片的好坏是风景摄影集的关键所在，在设计制作时选择的图片素材应主题明确、曝光正确、构图完整、画面简洁且能引起人们的共鸣其次版式设计要做到美观大方，整体设计风格统一，色彩搭配符合主题，文案能准确描述出图片的意境，给人想象的空间，整体让人印象深刻。

（1）需求分析

分析客户需求，填写客户需求分析表。客户需求分析内容包括以下几方面：

1）目标人群是哪些？

2）需要重点体现的元素是什么？

3）如何确定风景摄影集的设计风格？

4）色彩如何搭配？

5）设计尺寸是多少？

6）风景摄影集输出宜采用哪种纸张材质？

客户需求分析表

项目名称	制作风景摄影集	
目标人群		
需要重点体现的元素		
设计风格		
色彩搭配		
尺寸	成品尺寸：	设计尺寸：
纸张材质		

（2）规划风景摄影集的内容

根据客户需求分析，进行风景摄影集的内容规划，包括文案材料和原图片素材的收集整理；绘制风景摄影集的内容规划的思维导图。

（3）设计风景摄影集的版式

根据客户需求并结合风景摄影集的内容规划，绘制版式设计草图，确定版式设计方案，完善下表。

版式设计方案

名　称	文案设计	版式设计
封面、封底		
目录页		

续表

名 称	文案设计	版式设计
内容页 1		
内容页 2		

注：根据自己的设计自由添加内容页。

（4）及时与客户负责人沟通

版式设计方案和内容规划形成后，应及时与客户负责人沟通，并根据客户需求及时修订方案，增删规划内容。

任务 2：制作风景摄影集

1）收集制作素材。根据风景摄影集的版式设计方案，加工和制作素材。

2）编辑排版。选择合适的软件，完成风景摄影集相关页面的编辑排版。

3）校对文字。认真校对文字，确保文字准确无误。

4）保存。根据自己的需求设置好保存类型后保存。

5）展示汇报。制作风景摄影集的汇报演示文稿，包括风景摄影集的风格、内容、基本框架、选用工艺（尺寸、页码、纸张材质）、效果图展示等内容，并在项目团队内汇报后向客户展示。

6）印制风景摄影集。风景摄影集小样交客户确认，在确保无误后，批量印制并提交客户验收，完成项目。

6. 项目总结

（1）过程记录

记录项目实施过程中的各种情况，为工作总结提供依据，如表格不够，可自行加页。

序　号	内　容	思考及解决方法
1		
2		
3		

（2）工作总结

从整体工作情况、工作内容、反思与改进等几个方面进行总结。

7. 项目评价

内　容	要　求	评　分	教师评语
项目资讯（10分）	回答清晰准确，紧扣主题，没有明显错误		
项目计划（10分）	计划清楚，图表美观，能根据实际情况进行修改		
项目实施（60分）	实施过程安全规范，能根据项目计划完成项目		
项目总结（10分）	过程记录清晰，工作总结描述清楚		
态度素养（10分）	按时出勤、积极主动、清洁清扫、安全规范		
合计	依据评分项要求评分合计		

专题2 演示文稿制作

演示文稿集成文字、图像、音频、视频、动画等多媒体资源，共同完成主题内容的展示，能够使复杂的问题变得通俗易懂，使之更加生动，给人留下深刻的印象。目前，演示文稿正成为人们工作、生活的重要组成部分，广泛应用于工作汇报、企业宣传、产品推介、项目竞标、管理咨询等领域。因此，能够规范地制作演示文稿，成为现代青年学子的必备技能。

本专题设置两个实践项目：制作“乡村振兴”助农公益创业项目说明文稿和制作红旗 H9 汽车展示文稿。本专题各个项目实施采用 WPS Office 软件进行演示文稿制作。在教学实施时，可根据不同专业方向选择具体的教学项目。两个项目的内容及要求简要描述如下。

1. 制作“乡村振兴”助农公益创业项目说明文稿。本项目制作的演示文稿属于项目说明类文稿，以文字版的项目策划方案为制作基础，根据策划方案中的各个栏目和内容确定说明文稿的内容。按照编写制作纲要→采选、加工素材→制作演示文稿→放映演示文稿的流程，本项目要求学生掌握演示文稿的制作流程和规范，能够根据项目说明文档和实际放映需求，分析、制作、放映项目说明类演示文稿。

2. 制作红旗 H9 汽车展示文稿。本项目制作的演示文稿属于产品展示类文稿，制作者具有一定的产品销售经验，将客户关心、关注的产品信息作为展示文稿的内容。按照编写演示文稿制作纲要→选取和加工素材→制作演示文稿→发布演示文稿的流程，本项目要求学生掌握演示文稿的制作流程和规范，能够根据产品销售经验和实际放映需求，分析、制作、放映产品展示类演示文稿。

项目 1 制作“乡村振兴”助农公益创业项目说明文稿

项目背景

小小加入了本市一个名为“西柚公益”的助农公益组织，该组织经常举办一些有意义的活动，回馈社会。西柚公益的领导成员开创了乡村振兴项目，利用高校的科技资源，帮助周边农村致富，振兴乡村经济。为了更好地宣传项目，几名骨干成员打算制作项目说明文稿，以期获得更多市场融资。为了锻炼自己，小小主动参与了项目说明文稿的制作工作。

项目分析

按照演示文稿的制作流程，结合项目团队中个人优势，团队成员拟订了制作计划。首先根据项目说明文档，编写演示文稿制作纲要；依据制作纲要，采选并加工所需的文字、图片、音视频等各种素材；通过内容的表达与呈现，实现产品的展示效果；根据实际需求，发布（放映）演示文稿。项目结构如图 2-1-1 所示。

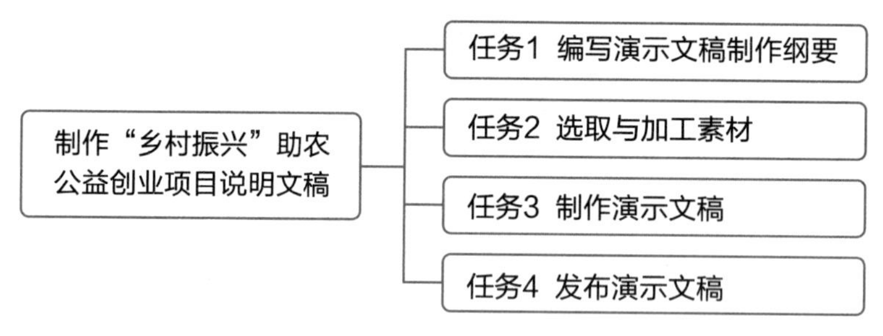

图 2-1-1 项目结构

学习目标

- 会根据项目说明文档编写演示文稿制作纲要。
- 能依据制作纲要，采选、加工素材。
- 能利用工具制作、美化演示文稿。
- 能根据需求发布（放映）演示文稿。

编写演示文稿制作纲要

任务描述

根据项目说明文档，编写演示文稿制作纲要，为后续搜集素材和制作文稿提供指导。

任务分析

演示文稿制作纲要包括演示文稿的主要内容、总体风格、色调和尺寸大小。首先分析项目主题和受众，确定说明文稿的总体风格和色调；根据项目说明文档，确定演示文稿的主要内容；然后反复咨询同事的意见，不断完善制作纲要。任务路线如图 2-1-2 所示。

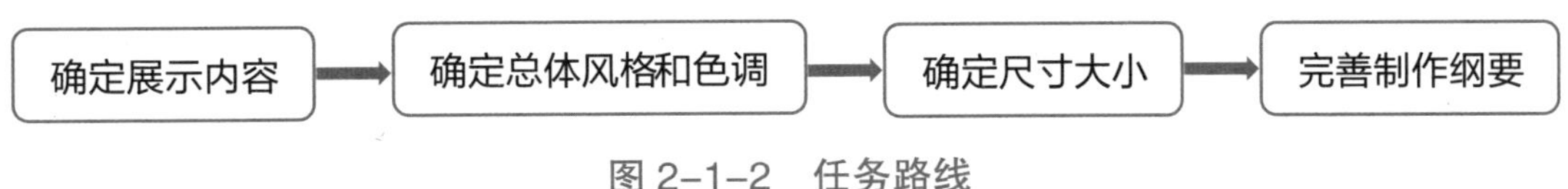

图 2-1-2 任务路线

1. 内容选取依据

项目说明类演示文稿展示内容主要是项目说明文档中的各个栏目，如果栏目过多，就按重要性挑选。

2. 演示文稿的大小

演示文稿的尺寸大小与显示屏的大小保持一致，这样制作演示文稿时的显示效果与实际放映时的效果是一样的。常见显示屏大小有 4 ∶ 3 和 16∶9，如果是特殊尺寸的显示屏，那么可根据显示屏长、宽的物理数值设定演示文稿的大小。

3. 制作纲要分析表

制作纲要分析表（样表）如表 2-1-1 所示。

表 2-1-1 制作纲要分析表（样表）

实际需求		演示文稿
放映需求	用途：	总体风格： 色调：
	场合：	
	受众：	
	屏幕：	尺寸大小：
项目说明文档	说明文档主要内容：	展示内容：

1. 确定展示内容

“乡村振兴”公益创业项目说明文档共包含 4 章内容，分别是团队概况、产品与服务、营销策划和财务与风险，这也是说明文稿的主要内容。

2. 确定总体风格和色调

制作说明文稿的目的是更好地宣传项目，让更多的人了解项目，以期获得资金支持和科技资源，受众为高校和政府部门的领导层、社会有经济实力的爱心人士，根据生活常识和自身经验，决定本说明文稿的总体风格是严肃、正式，色调采用蓝色系列。

3. 确定尺寸大小

为了便于说明文稿的放映和传播，最好将说明文稿制作成 MP4 视频，供有兴趣的人在手机或计算机端播放，大小可设定为 16 : 9。

4. 完善制作纲要

展示内容、总体风格和色调应咨询经验丰富的专业人士，根据意见修改完善制作纲要。最终，“乡村振兴”公益创业项目说明文稿制作纲要如表 2-1-2 所示。

表 2-1-2 “乡村振兴”公益创业项目说明文稿制作纲要

实际需求		演示文稿
放映需求	用途：宣传创业项目	总体风格：正式、严肃 色调：蓝、红
	场合：任意场合	
	受众：政府部门、有经济实力的爱心人士	
	屏幕：无要求	尺寸大小：默认大小
项目说明文档	说明文档主要内容： 团队概况 产品与服务 营销策划 财务与风险	展示内容： 团队概况 产品与服务 营销计划 财务与风险

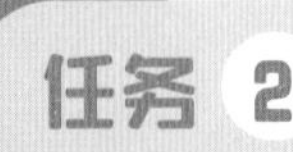

选取与加工素材

任务描述

根据演示文稿的内容和风格，制作、采选、加工所需的文字、图片、音视频等不同类型的素材，为后续演示文稿的制作提供素材。

任务分析

根据制作纲要中确定的展示内容，分析出所需素材的类型和主要内容；通过各种途径采选素材，并根据需要对素材进行加工处理；将素材保存在恰当的位置，便于后期制作演示文稿时快速地找到所需素材。任务路线如图 2-1-3 所示。

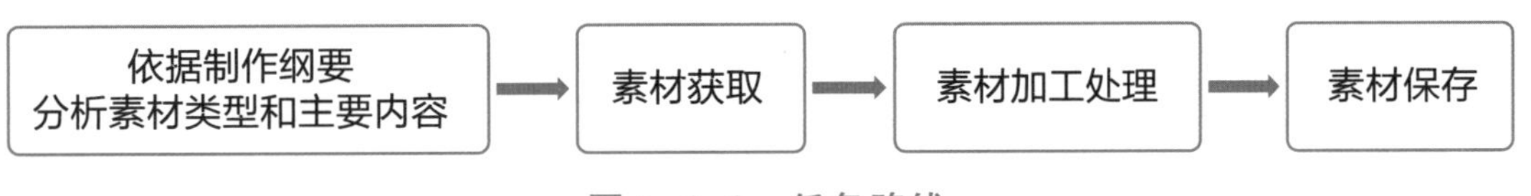

图 2-1-3　任务路线

1. 素材的分类

根据素材在展示文稿中所起到的作用，将素材分为内容素材和效果素材。内容素材是展示主题内容的素材，图 2-1-4 所示为某家居公司介绍文稿中的公司产品图；效果素材是为了提升展示效果而使用的素材，包括使演示文稿更加美观的背景图片、美化图标，以及播放时给观众带来韵律感的背景音乐等，如图 2-1-5 和图 2-1-6 所示。

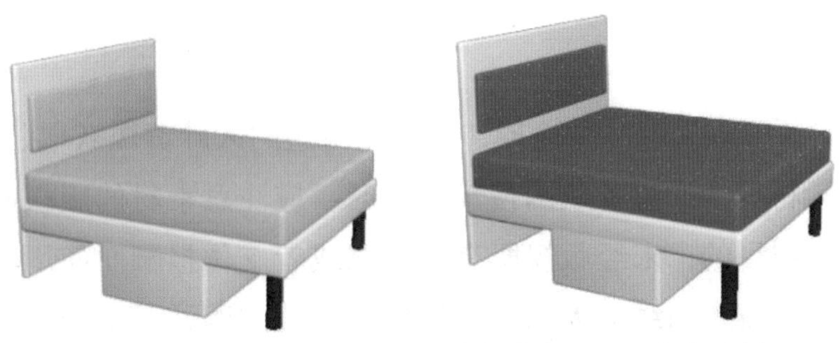

图 2-1-4　某家居公司介绍文稿中的产品图（内容素材）

图 2–1–5　效果素材：背景图片

图 2–1–6　效果素材：美化图标

2. 素材分析

素材分析即确定素材的类型和主要内容，素材类型包括文字、图片、音视频和动画等。制作纲要中明确了展示内容和总体风格，根据每项展示内容的目的和作用，来确定素材的内容和类型。可使用素材分析表（表 2–1–3）指导分析过程。例如，人物介绍演示文稿中，人物性格是向观众介绍人物的性格特点，可使用文字和图片素材；人物特长是向观众展示人物有哪些特长，最好是使用图片或视频素材。

表 2–1–3　素材分析表（样表）

制作纲要		目的	具体内容	素材类型
展示内容	各项展示内容			
总体风格	提升展示效果			

3. 素材获取

在获取素材时，可以采取多种途径，如利用身边的人脉资源获取、通过互联网搜集、自行制作个性化素材等。通过互联网搜集素材时，应注意素材的版权问题。根据著作权法，出于商业、盈利目的，未经版权所有人同意或者支付报酬而使用图片、视频等艺术作品的，属于违法侵权。网络上大部分提供资源下载的网站并不拥有资源的版权，若贸[illegible]这些素材，则存在侵权风险。

除了关注素材的版权，在通过互联网搜集素材时，为了提高搜索效率和便于后期的制作，还应注意以下 3 点。

（1）准确地搜索关键词

在互联网上搜集素材时，应使用素材的内容和类型作为搜索关键词，如效果素材中用于演示文稿背景的图片，搜索关键词可使用“背景图片”；当搜索结果过于宽泛时，可以用总体风格和色调对关键词进行限定，如“背景图片 商务 蓝调”，以便快速获得合适的素材。

（2）文字的简化

通过互联网搜索往往会得到大量文字，应挑选与素材内容紧密相关的文字片段，并适当进行简化，脱离原有语境，形成展示文稿的文字素材。

（3）选用大小不同的图片

在获得的大量图片资源中，应选择色调与总体风格一致、内容贴合展示内容的图片。对于同一展示内容的图片，应尽量选择尺寸、清晰度类似的图片，如图 2–1–7 所示；对于内容相同、大小或颜色不同的图片，应全部选用，如图 2–1–8 所示，以便根据幻灯片版式选择图片，减少图片处理的时间。

（a）

（b）

图 2–1–7　内容类似的图片

图 2–1–8　内容相同、大小或颜色不同的图片

4. 素材保存

为了便于查找素材，应分类存放素材。可以按照素材类型建立不同的文件夹，如

“图片素材”文件夹、“文字素材”文件夹等，然后将相应类型的素材存放到对应文件夹中。依据素材所展示的内容命名素材文件，如人物介绍演示文稿中用来展示人物外貌的图片，可命名为“外貌”，有多张外貌图片时，在文件名后添加序号，如“外貌 1”和“外貌 2”等。

1. 素材分析

“乡村振兴”公益创业项目说明文稿的内容包括团队概况、产品与服务、营销策划和财务与风险。“团队概况”栏目的目的是向观众介绍项目团队，使观众详细了解团队，从而对项目产生兴趣和信任，具体内容可以包括团队成员、团队的特点和组织结构等，适合采用文字和图片素材联合进行展示。

“产品与服务”栏目的目的是让观众形象地感知项目提供的各种产品和服务，内容包括智力振兴、科技振兴、农产品助销等，适合采用文字、图片联合进行展示。

按照展示内容的目的、具体内容这样的思路，逐一分析其他展示内容的素材类型，并填写素材分析表。“乡村振兴”公益创业项目说明文稿素材分析表如表 2–1–4 所示。

表 2–1–4　“乡村振兴”公益创业项目说明文稿素材分析表

制作纲要		目的	具体内容	素材类型
展示内容	团队概况	介绍项目团队的成员、特点和组织结构	团队成员、内设机构	文字 图片
	产品与服务	介绍本项目提供的产品和服务	智力振兴、科技振兴、农产品助销	文字 图片
	营销策划	介绍项目的营销计划和发展规划	营销策略、发展规划	文字 图片
	财务与风险	介绍项目的资金及未来的风险和应对措施	资金来源、风险分析、应对措施	图片 文字
总体风格	提升展示效果	美观	背景	图片
			图案	图片

2. 文字素材

经阅读项目策划方案，共获得 10 段文字素材。例如，从项目策划方案中挑选与团队成员和团队特点有关的文字部分，经适当简化后形成“团队成员”介绍文字，如图 2–1–9 所示。

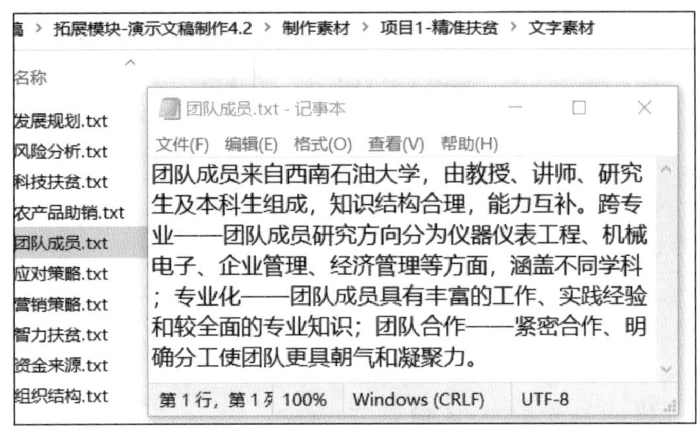

图 2–1–9　文字素材

3. 图片素材

经自行拍摄和网络搜索，最终获得多张具有版权且画质清晰的图片素材，如图 2–1–10 所示。

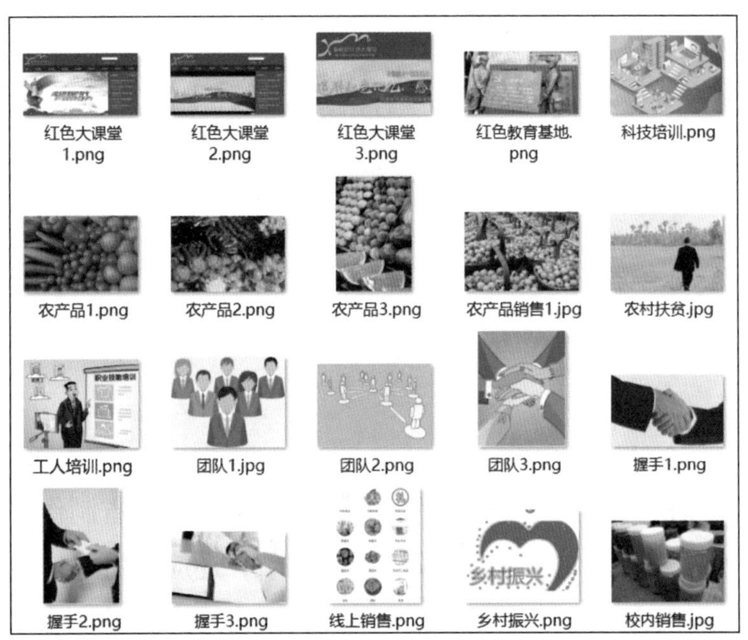

图 2–1–10　图片素材

4. 效果素材

经网络搜索，选取两张色调与演示文稿色调一致、具有朦胧效果、具有版权、画质清晰的背景图片，如图 2–1–11 所示。

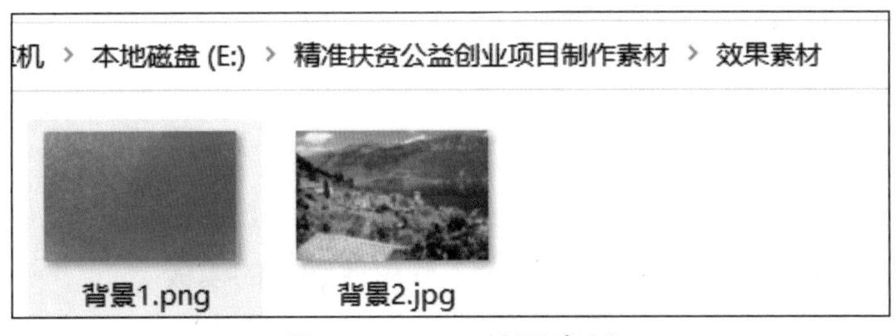

图 2–1–11　效果素材

任务 3 制作演示文稿

任务描述

根据现有素材，制作演示文稿，呈现展示内容。

任务分析

首先选择制作工具，通过文字、图片、表格、音视频、动画等各种操作技术，呈现展示内容；不断咨询各方意见，对演示文稿进行美化，获得最优的展示效果。任务路线如图 2–1–12 所示。

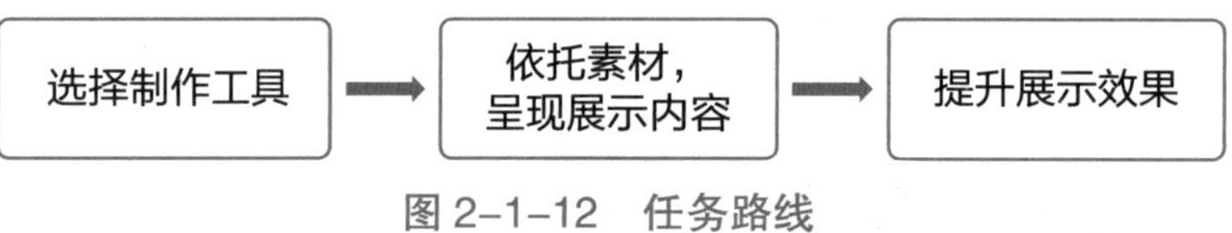

图 2–1–12　任务路线

任务准备

1. 模板与版式

模板是专门的页面格式，使用模板制作演示文稿，不仅能节省制作时间，而且能提升展示效果。在选择模板时，除了风格与演示文稿风格一致，还应尽量选择包含版式丰富多样的模板，以便适合不同的内容需要。例如，WPS 免费提供的“粉蓝渐变风 品牌推广方案”设计模板，包含目录、三要素、四要素、顺序图、结构图等多个不同版式，如图 2–1–13 所示。

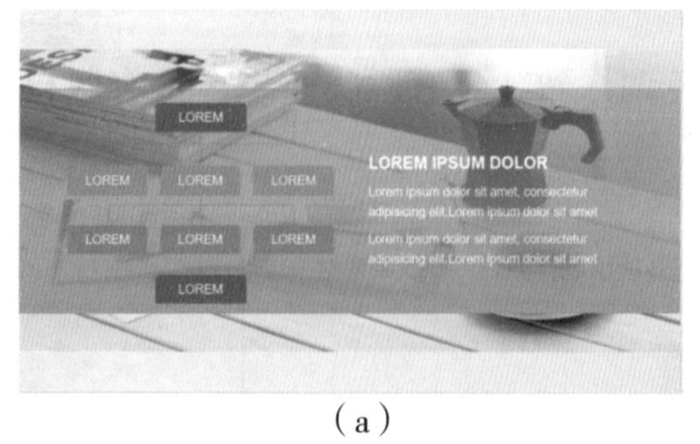

（a）

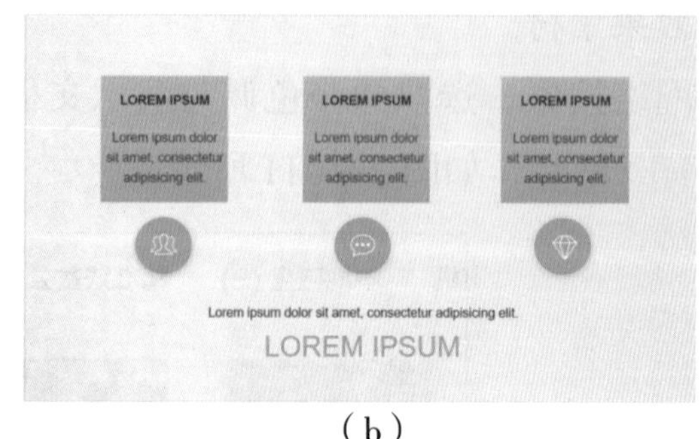

（b）

图 2–1–13　包含不同内容版式的模板

（a）组织结构图版式；（b）文字三要素版式

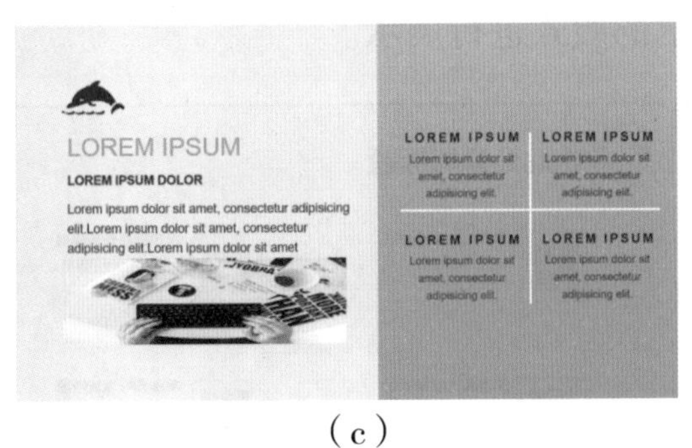

(c)

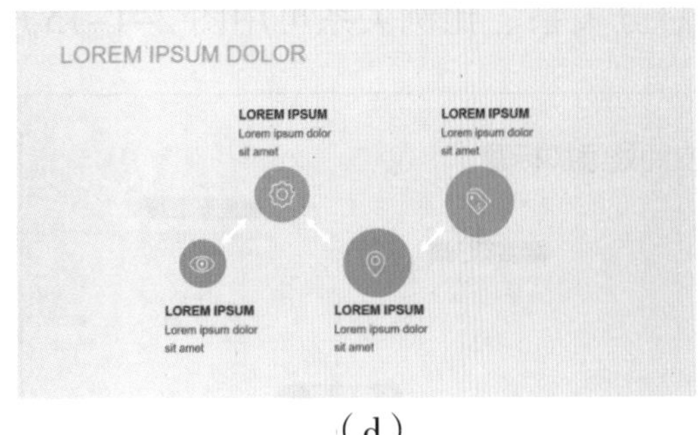

(d)

图 2-1-13 包含不同内容版式的模板（续）

（c）图文四要素版式;（d）顺序图版式

除免费模板外，有条件的用户还可以选择使用付费模板，以实现更好的展示效果。

2. 文字与段落排版

文字排版的基本原则是清晰易看，符合演示文稿的整体风格。每种字体都有自己的风格，字体的风格应与演示文稿的风格保持一致，有关字体的风格，有兴趣的同学可自行搜索查阅。微软雅黑、华文细黑等字体字形规矩、结构清晰，适用于任何场合的演示文稿。

字体种类不宜超过两种，推荐使用“微软雅黑”作为标题字体，“微软雅黑 light”作为正文字体。正文 14~20 号，标题字号比正文大 6 号。文字颜色应使用幻灯片主色，或者深浅与主色不同，且应与背景色形成较大反差，如深色背景浅色文字、暗色背景亮色文字，如果背景图片颜色不定，可加一个色块在色块上输入文字，如图 2-1-14 所示。

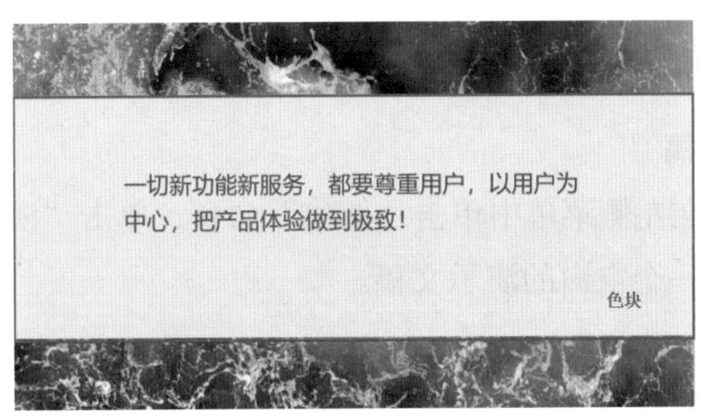

图 2-1-14 文字加色块效果

段落排版，首行缩进 2 字符，段前段后 0.5 行，行间距 1.3 倍，可获得较好的显示效果。

3. 文字内容视觉化

演示文稿中大段的文字让人厌倦，将文字内容转换为恰当的图示，即将文字内容视觉化，可以提升展示效果。要将文字内容视觉化，首先要充分理解文字内容，剖析文字各要素之间的逻辑关系，再选择合适的版式表现这种逻辑关系。例如，顺序关系、并列关系、总分关系、比例关系可用图 2-1-15 所示的版式进行展示。

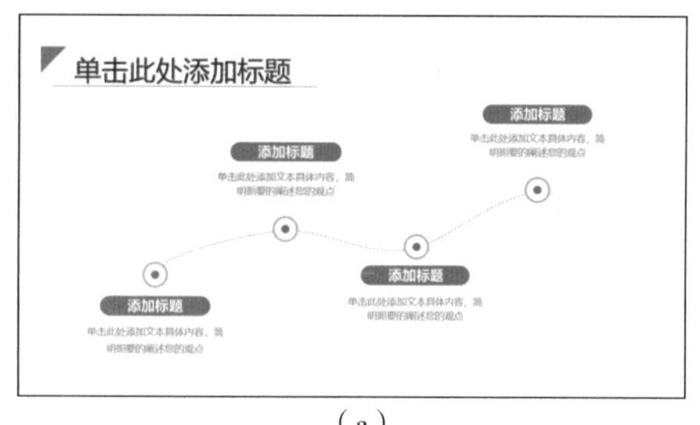

（a）

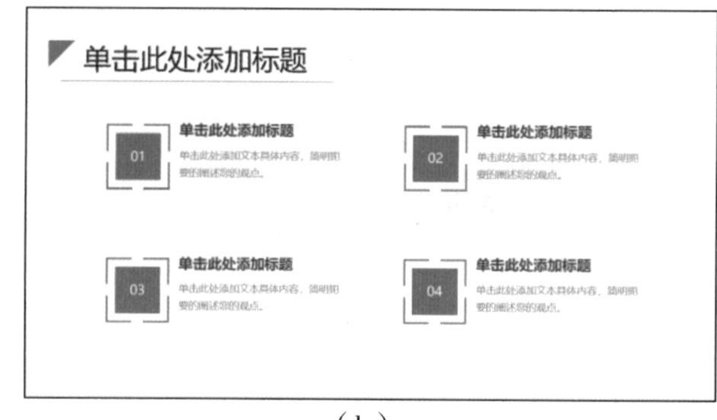

（b）

单击此处添加标题

单击此处添加标题

单击此处添加标题

单击此处添加标题

单击此处添加标题

（c）

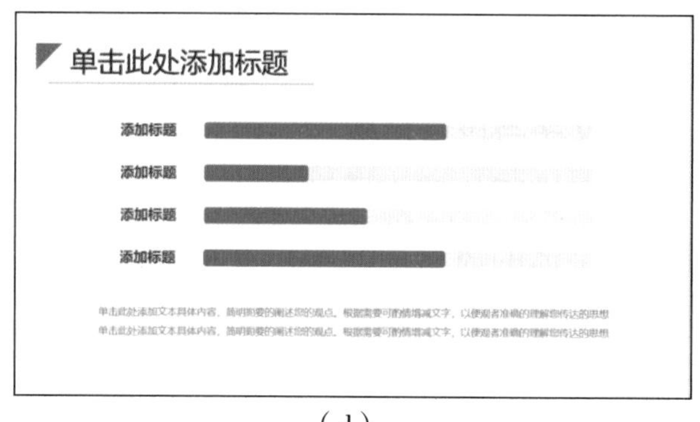

（d）

图 2-1-15　文字关系视觉化

（a）顺序关系；（b）并列关系；（c）总分关系；（d）比例关系

1. 新建空白演示文稿

打开 WPS Office，在左侧菜单中单击“新建”命令，单击“演示”按钮，单击“新建空白演示”按钮，新建一个空白的演示文稿。

2. 设置幻灯片大小

幻灯片默认大小为“宽屏（16∶9）”，本次制作成演示视频，不需要更改。如果不是16∶9 的显示屏，可以在“设计”选项卡中，单击“幻灯片大小”按钮，在下拉菜单中进行设置。

3. 选择设计模板

本次创业项目说明文稿的总体风格为“正式、严肃”，为方便制作演示文稿，应选择与总体风格类似的设计模板，此处选择 WPS 免费提供的“蓝色简约工作汇报”设计模板，在“设计”选项卡中，单击“更多设计”按钮，在弹出的“全文美化”对话框中单击“分类”按钮，在“免费专区”中找到该模板并选择，在出现的窗口中选中“全选”复选框，然后单击“插入并使用”按钮，如图 2-1-16 所示。除免费模板外，WPS 向普通会员和稻壳会员提供了更多丰富的会员专享模板。

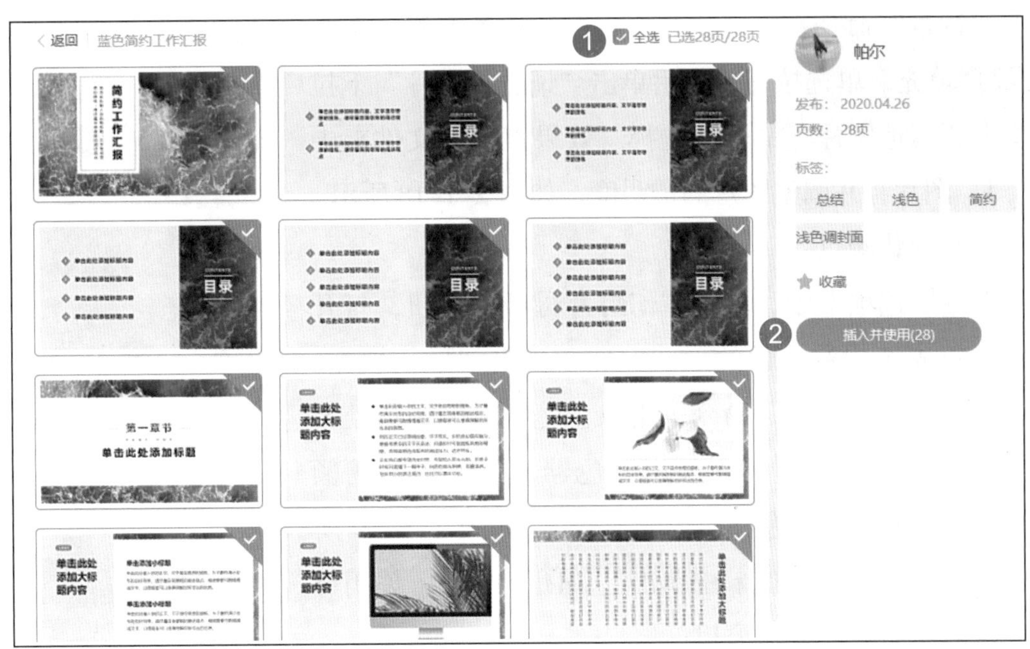

图 2-1-16　选用“蓝色简约工作汇报”模板

4. 删除多余的标题幻灯片

模板导入后，“WPS 演示”窗口除了与“WPS 文字”窗口类似的选项卡，左侧为幻灯片导航区，右侧为幻灯片编辑区，右侧边缘是“显示/隐藏”按钮，可以显示/隐藏对象属性、自定义动画等，如图 2-1-17 所示。将幻灯片导航区的纵向滚动条拖动到顶端，此时我们发现有两张标题幻灯片，右击第一张标题幻灯片，在右键菜单中执行“删除幻灯片”命令。

图 2-1-17　“WPS 演示”窗口

5. 制作封面幻灯片

本模板的封面幻灯片简洁大方，图片是分割的夕阳照耀田野，贴合主题，可不做更换。添加背景图片，调整形状颜色，提升总体效果。

（1）设置背景图片

在“设计”选项卡中，单击“背景”按钮，在下拉菜单中单击“背景”命令，打开“对象属性”任务窗格，选中“图片或纹理填充”单选按钮，然后单击“请选择图片”下拉按钮，单击“本地图片”命令，选择“效果素材”文件夹中的“背景 1”图片，并调整图片的透明度，如图 2–1–18 所示。

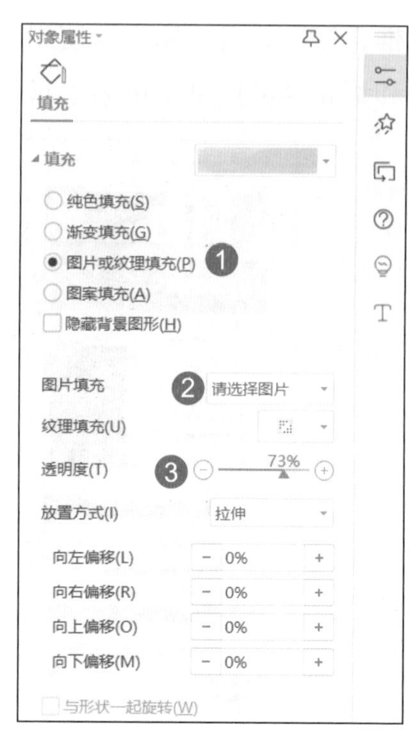

图 2–1–18　设置背景图片

（2）更改形状颜色

在“视图”选项卡中，单击“幻灯片母版”按钮，打开母版视图，首先选中左上角的形状，然后单击“形状填充”下拉按钮，单击“取色器”命令，用取色笔在右侧颜色处单击即可。填充另一形状时，无须用取色器，直接在主题颜色中选择“暗石板灰，着色 1，浅色 40%”，如图 2–1–19 所示。在“幻灯片母版”选项卡中单击“关闭”按钮，关闭母版视图，返回到幻灯片编辑窗口。

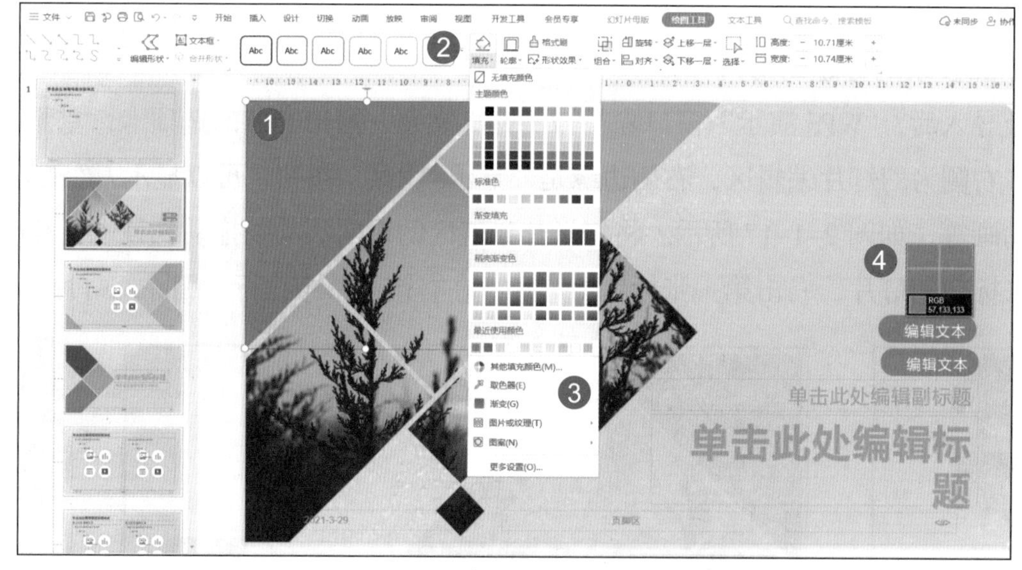

图 2–1–19　母版视图下修改形状颜色

（3）填写标题

删除“副标题”“汇报日期”“汇报人姓名”，将标题设置为“公益创业项目方案”。

（4）插入“乡村振兴 logo”图片并抠除背景

在“插入”选项卡中，单击“图片”下拉按钮，选择“图片素材”文件夹中的“乡村振兴 logo”，调整图片至合适位置和大小。选中该图片，在“图片工具”选项卡中单击“抠除背景”下拉按钮，在“智能抠图”对话框中单击“抠除”按钮，并选择合适的抠图笔触，不断单击白色区域（文字边缘处谨慎操作），单击“保留”按钮，在红色区域内不断单击，最后单击“完成抠图”按钮，如图 2–1–20 所示。抠除背景是一项细致的工作，必要时可反复操作，直至获得满意效果。

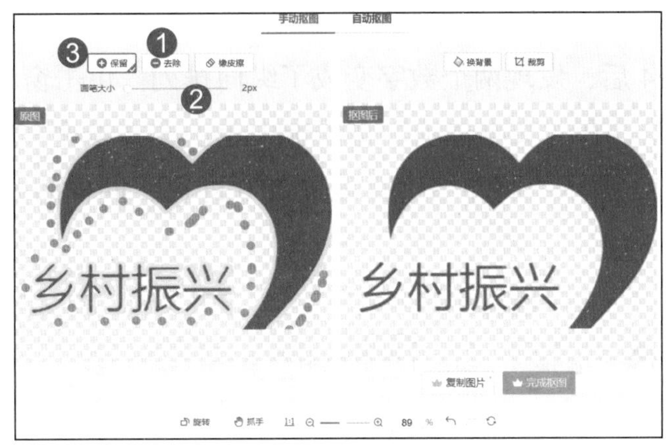

图 2-1-20　抠除背景

（5）设置标题文字颜色

使用取色器设置标题文字颜色为图片中的红色。

6. 制作目录页

使用本模板提供的目录页并进行简单修饰。

（1）输入文字

首先将“目录”二字及制作纲要中的展示内容（项目方案文档中的一级、二级标题）输入到相应的位置，将二级标题的字号设置为 16 号，删除 5、6 两个小标题。

（2）缩短横线

目录页中横线离页面边缘较近，这样放映幻灯片时会给人一种压迫感。在“开始”选项卡中单击“选择”下拉菜单中的“选择窗格”命令，出现“选择窗格”窗格，使用 Ctrl 键同时选中 4 条横线，然后不断单击“宽度”旁的“–”按钮缩小宽度，本次调整到“10 厘米”，如图 2-1-21 所示。

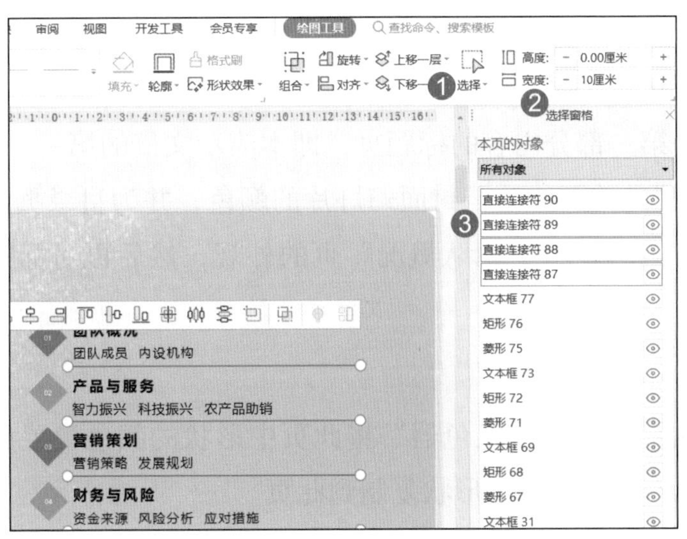

图 2-1-21　缩短横线

（3）调整字号大小

此页中数字编号的字号是 8，依据文字排版经验，文字的字号最小应为 14。选中数字“01”，将字号设置为 14 后，发现两个数字变成了纵向排列。单击窗口右侧的 对象属性 图标显示“对象属性”窗格，在“文本选项”选项卡中单击“文本框”按钮，出现“文本框”属性窗格，如图 2-1-22 所示，将左右边距设置为 0 即可，同样的办法增大其他 3 个数字编号的字号。

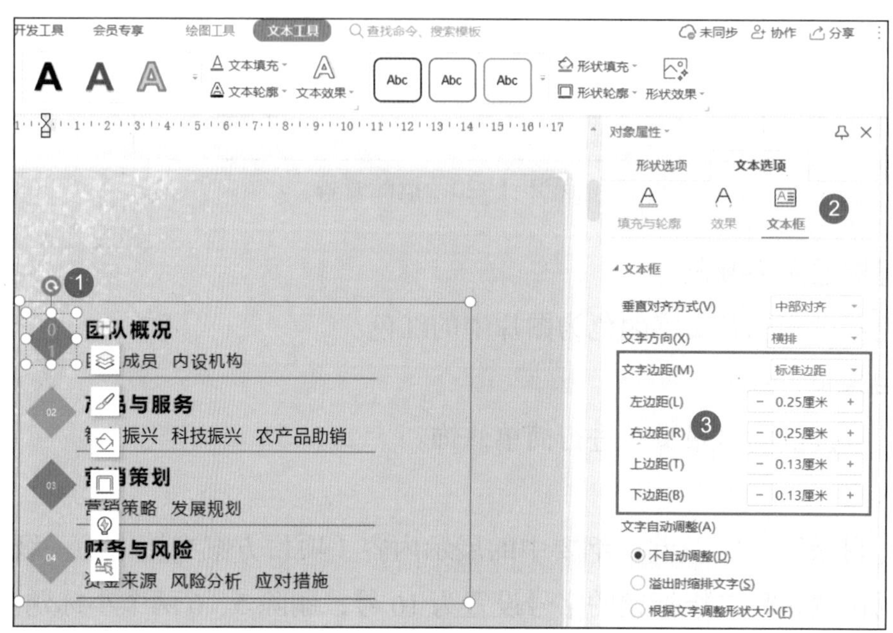

图 2-1-22 调整文本框的左右边距

（4）修饰目录页

模板提供的目录页略显简单，可在 4 角添加形状进行修饰。经观察模板中第 4 页幻灯片的左上角有装饰用的形状，为保持一致，从第 4 页幻灯片母版视图中复制该形状至目录页，默认位置是左上角，将其移动到右上角，旋转图片至合适角度，如图 2-1-23 所示。

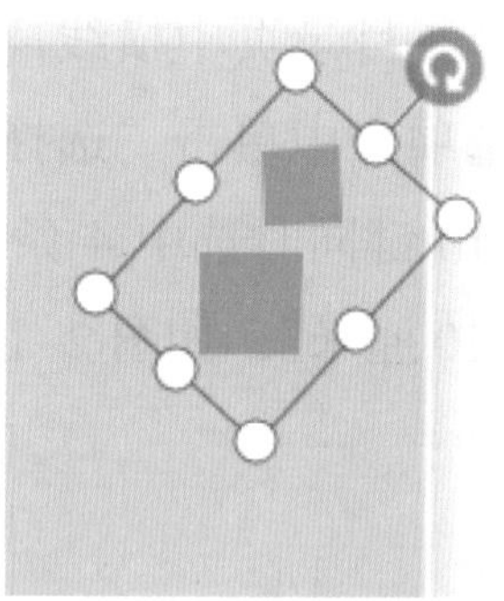

图 2-1-23 旋转形状

7. 制作“团队概况”页

模板中第 3 页是第一部分内容的标题页，即本演示文稿的第一部分内容“团队概况”。前面修改了封面幻灯片的颜色，并为目录页添加了形状修饰，为了保持整体一致性，首先调整“团队概况”页的外观，然后再对标题文字进行处理，增强艺术效果。

（1）调整外观

在幻灯片母版视图下使用“取色器”将此页中形状的颜色设置成封面幻灯片中形状的颜色，并将目录页右上角的修饰形状复制到此页。

（2）设计标题文字

输入标题文字“团队概况”，并删除副标题。选中标题文本框，在“开始”选项卡中单击“复制”按钮，然后单击“粘贴”下拉菜单中的“选择性粘贴”子菜单中的“图片（png 格式图形）”命令，将文本框转换为图片，然后删除标题文本框。选中标题图片，在“图片工具”选项卡中单击“效果”下拉按钮，为图片添加“阴影 - 居中偏移”“倒影 - 半倒影”“柔化边缘 -1 磅”的修饰效果，如图 2-1-24 所示。

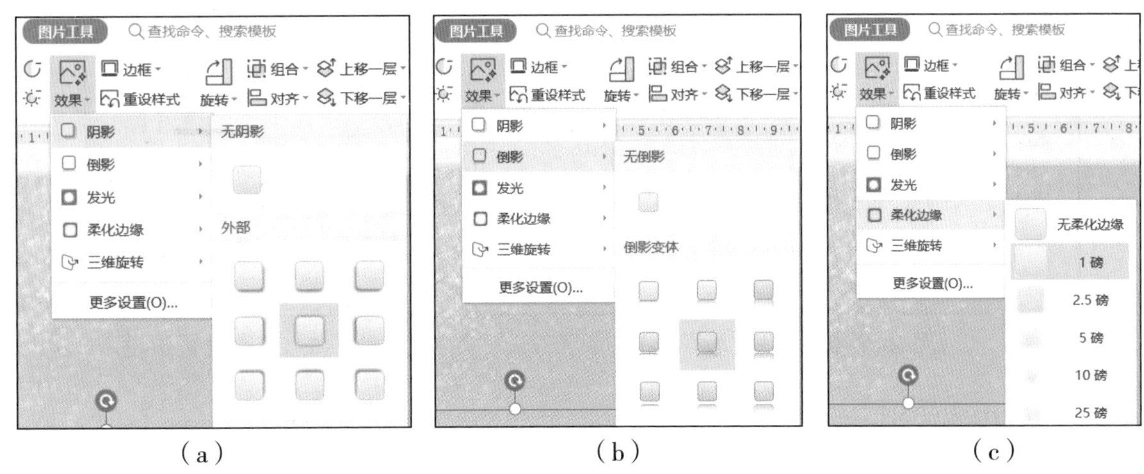

（a）　　　　（b）　　　　（c）

图 2-1-24　修饰标题文字

（a）阴影效果；（b）倒影效果；（c）柔化边缘效果

8. 制作“团队成员”页

“团队成员”的素材有文字和图片，可套用本模板第 9 页的版式，并使用“效果”命令或者加边框的形式对图片进行修饰。

（1）移动幻灯片位置

在幻灯片导航区拖动第 9 页幻灯片至第 4 页。

（2）插入图片

删除原图片，插入“图片素材”文件夹中的“握手 2”图片，放大图片至合适大小，为图片增加“柔化边缘 -5 磅”的效果。

（3）输入文字并加边框

步骤 1：复制“文字素材”文件夹中“团队成员”的文字到左侧文本框中，并适当简化。根据内容，分为 4 个段落，分别设置首行缩进、行间距、段前段后间距，如图 2-1-25 所示。

步骤 2：选中文本框，单击窗口右侧的 对象属性 图标，显示“对象属性”窗格，选择“形状选项”选项卡，设置线条、颜色、透明度和宽度，为文本框添加点状边框，如图 2-1-26 所示。

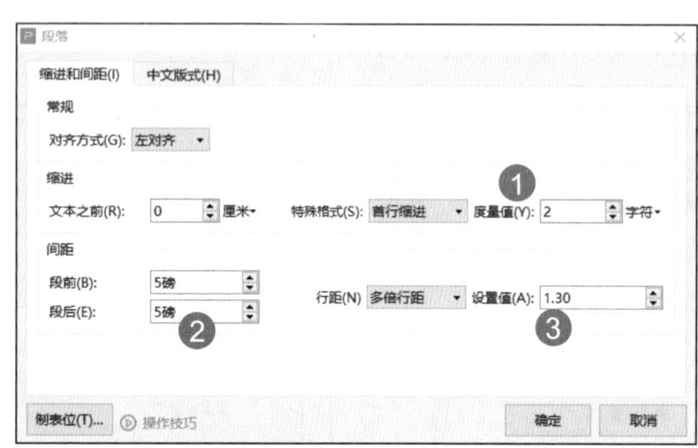

图 2–1–25　设置段落格式

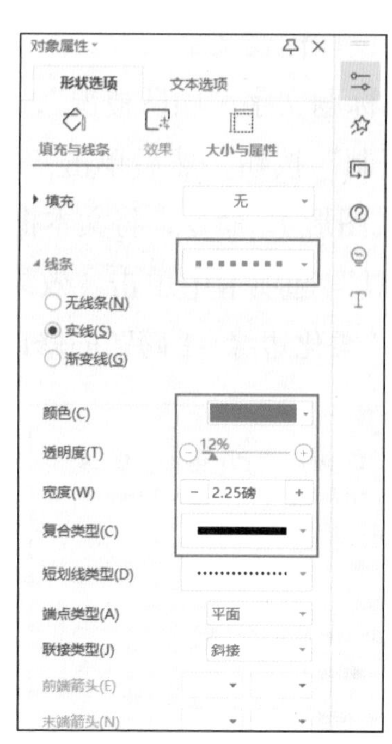

图 2–1–26　设置边框

（4）明确内容级别

由制作纲要可知，“团队成员”属于“团队概况”部分，为了便于理解，需要在页面上显示内容的层次关系。首先将第 5 页左上角的形状复制到本页相同位置，然后绘制文本框，修饰小矩形、直线并设置颜色，放置在本页恰当位置，如图 2–1–27 所示。

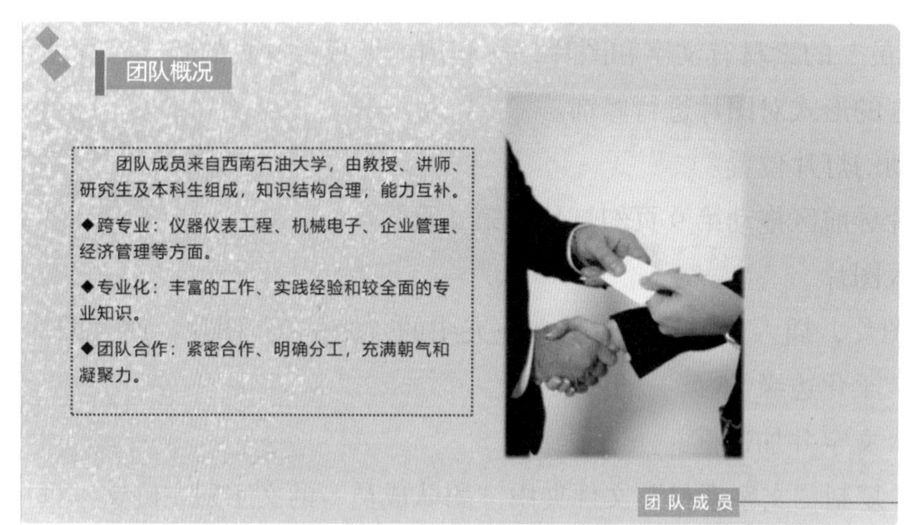

图 2–1–27　内容级别效果

（5）组合内容页外观

在“开始”选项卡单击“选择”下拉菜单中的“选择窗格”命令，在“选择窗格”任务窗格中选中修饰形状组合、修饰矩形、两个文本框和直线，单击“组合”按钮，组合 5 个形状。组合后在“选择窗格”中为该组合命名为“内容级别外观”，如图 2–1–28 所示。

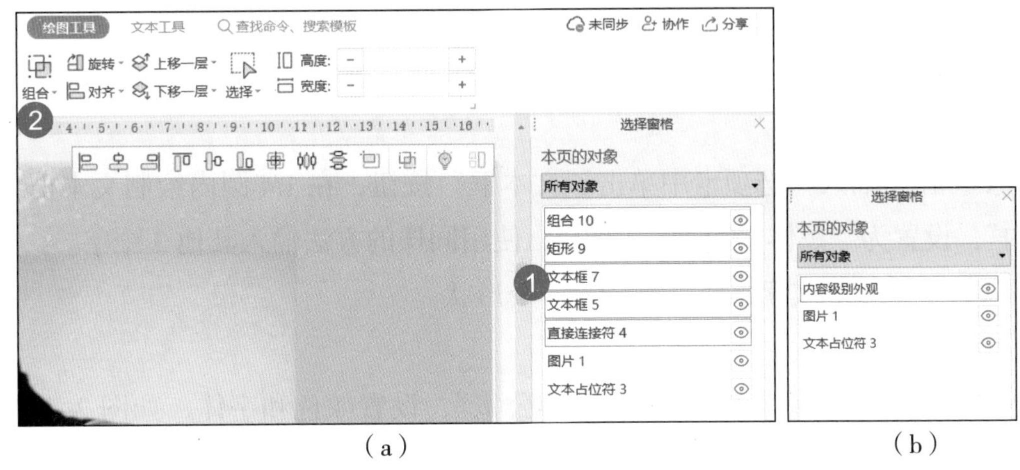

（a）　　　　　　　　　　（b）

图 2-1-28　组合内容级别外观并命名

（a）组合 5 个形状;（b）将组合命名为“内容级别外观”

9. 制作“内设机构”页

“内设机构”适合使用组织结构图版式进行呈现，由于本说明文稿中“内设机构”的文字内容较少，且无图片，使用组织结构图版式略显单调，此处采用总分结构的圆形，并配以动画效果。

（1）新建幻灯片

单击幻灯片导航区“团队成员”页后，在“开始”选项卡中单击“新建幻灯片”按钮，在下拉菜单中单击“空白版式幻灯片”命令，如图 2-1-29 所示。

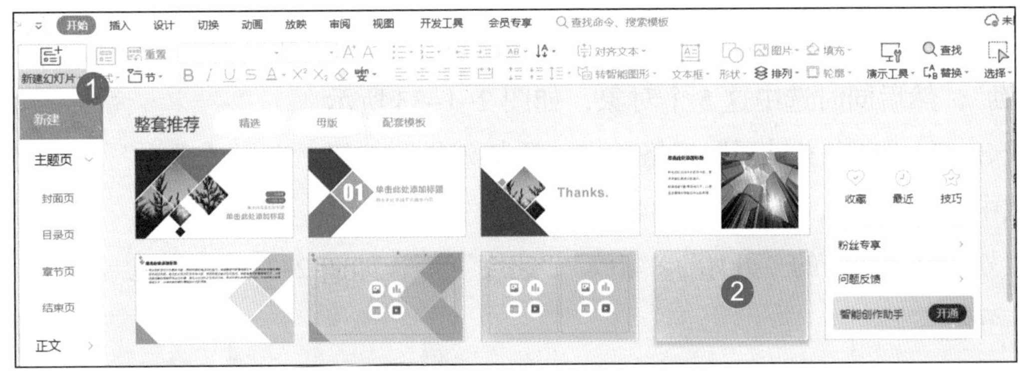

图 2-1-29　新建空白版式幻灯片

（2）套用内容级别外观

将“团队成员”页“选择窗格”的“内容级别外观”复制到本页，将“团队成员”修改为“内设机构”。

（3）制作分割圆

步骤 1：首先绘制圆形，颜色填充为“暗石板灰，着色 1，浅色 40%”，无边框。

步骤 2：绘制两个矩形，与圆形叠加在一起，同时选中这 3 个形状，如图 2-1-30 所示。

步骤 3：在“绘图工具”选项卡中单击“合并形状”下拉菜单中的“剪除”命令，得到 1/4 圆。

步骤 4：复制此形状 3 次，并“旋转”形状，使之拼成一个圆形，设置交叉颜色，如图 2–1–31 所示。

步骤 5：在“插入”选项卡中单击“文本框”按钮，在 1/4 圆内绘制文本框，并输入文字“内”，设置为“黑体，32 号，白色”，使用同样的方法输入其他 3 个字。

步骤 6：框选圆和文字，将其组合成一个形状。

（4）制作文字小圆

插入“圆形”和“文本框”，输入“办公室”，设置颜色和字体，如图 2–1–32 所示；同时选中圆形和文本框，组合图形，并复制成其他 4 个部门。

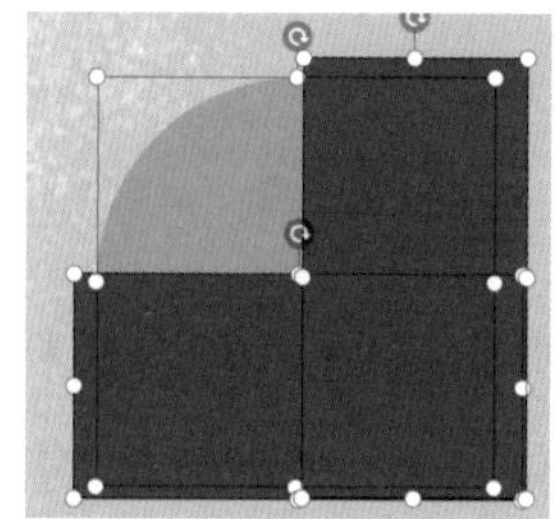
图 2–1–30　分割圆 1

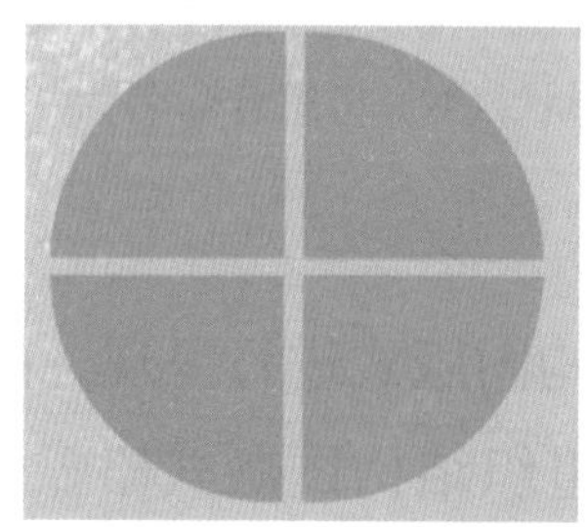
图 2–1–31　分割圆 2

图 2–1–32　文字小圆

（5）添加动画效果

步骤 1：打开“选择窗格”窗格，然后单击窗口右侧的 自定义动画 图标，显示“自定义动画”窗格。

步骤 2：在“选择窗格”窗格为 5 个小圆分别命名为“办公室”“人力”“市场”“财务”“后勤”，然后同时选中这 5 个对象，如图 2–1–33 所示。

步骤 3：在“自定义动画”窗格单击“添加效果”按钮，选择“进入”动画“温和型”选项区域中的“缩放”，如图 2–1–34 所示。

步骤 4：设置动画的“开始”“缩放”“速度”等，如图 2–1–35 所示。

图 2–1–33　制作动画 1

图 2–1–34　制作动画 2

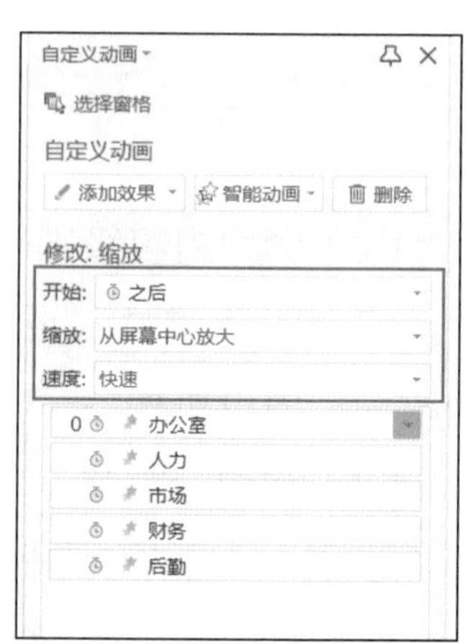

图 2–1–35　制作动画 3

10. 制作“产品与服务”页

在幻灯片导航区复制“团队概况”页到“内设机构”页的后面，修改标题和数字编号。

11. 制作“智力振兴”页

本页是整个演示文稿中较为重要的内容。经研读文字，“智力振兴”共包含 3 个方面，素材有文字和图片，适合采用图文结合的三要素版式。

步骤 1：新建空白版式幻灯片并套用内容级别外观，将“团队概况”修改为“产品与服务”，将“团队成员”修改为“智力振兴”。

步骤 2：插入圆形、圆角矩形、文本框，设计图文版式，如图 2-1-36 所示。

步骤 3：凝练文字素材中的“智力振兴”文字，将其输入到文本框内。

图 2-1-36 “智力振兴”页版式

12. 制作“科技振兴”页

“科技振兴”的素材有文字和 3 张图片，图片有横版和竖版，可套用本模板图文版式，如图 2-1-37 所示。

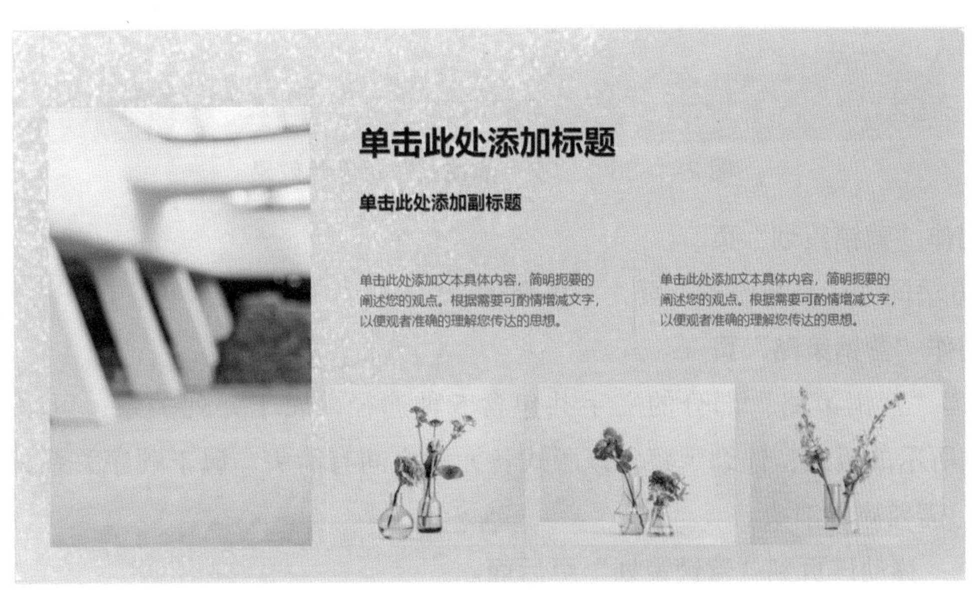

图 2-1-37 图文版式原版

步骤 1：移动本模板中图文版式幻灯片到“智力振兴”页的后面。

步骤 2：套用内容级别外观并修改文字。

步骤 3：替换图片。选择“竖版图片”，在右键菜单中选择“更换图片”命令，在子面板中选择“本地图片”命令，插入“图片素材”中的图片“科技振兴 1”和“科技振兴 3”进行替换；选择“竖版图片”，在右键菜单中选择“更换图片”命令，在子面板中选择“本地图片”命令，插入“图片素材”文件夹中的图片“科技振兴 2”，并调整位置和大小。

步骤 4：复制“文字素材”文件夹中“科技振兴”的文字到两个文本框，排版后错位排列，增加层次感。

13. 制作“农产品助销”页

经研读文字，“农产品助销”共包含 3 个方面，素材有文字和图片，适合采用图文结合的三要素版式。本次设计采用图片、文字并外加边框的效果，如图 2-1-38 所示，大家也可自行设计满意的格式。

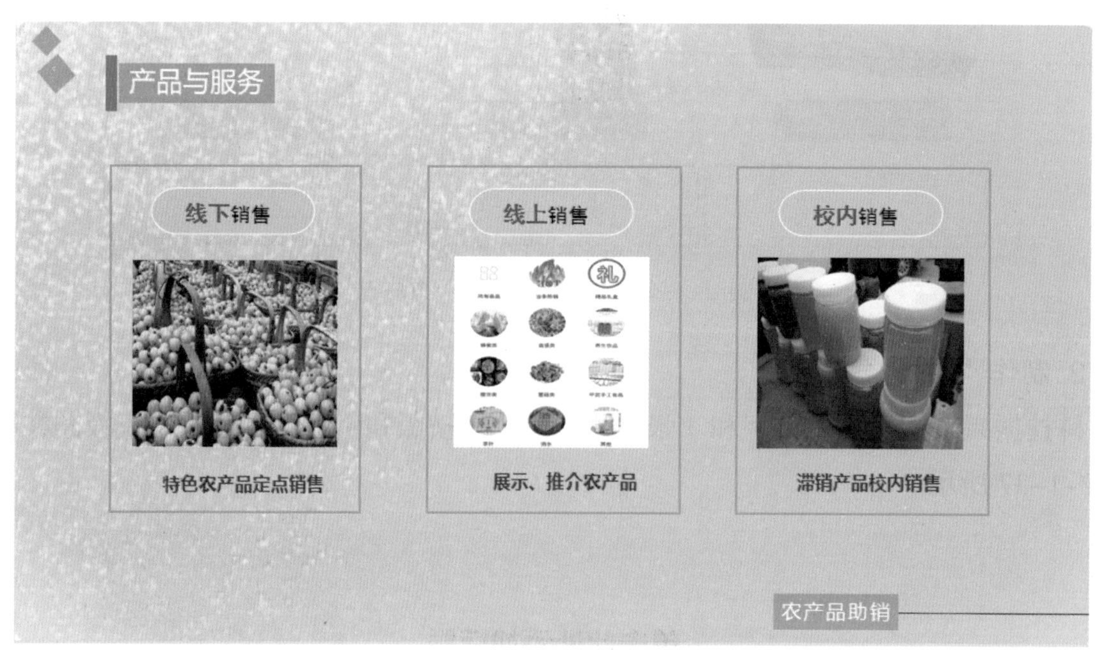

图 2-1-38 “农产品助销”页设计效果

14. 制作“营销策划”页

制作方法同“产品与服务”页，不再赘述。

15. 制作“营销策略”页

经研读“营销策略”部分的文字共包含 5 种途径，属于并列关系，可采用本模板图 2-1-39 所示的版式，仔细观察，该版式各元素之间有箭头，属于顺序关系，想要表达并列关系，需要删除箭头。

步骤 1：移动该页到“营销策划”页后面。

步骤 2：套用外观。

步骤 3：删除元素间的箭头，如图 2–1–39 所示，输入文字并排版。

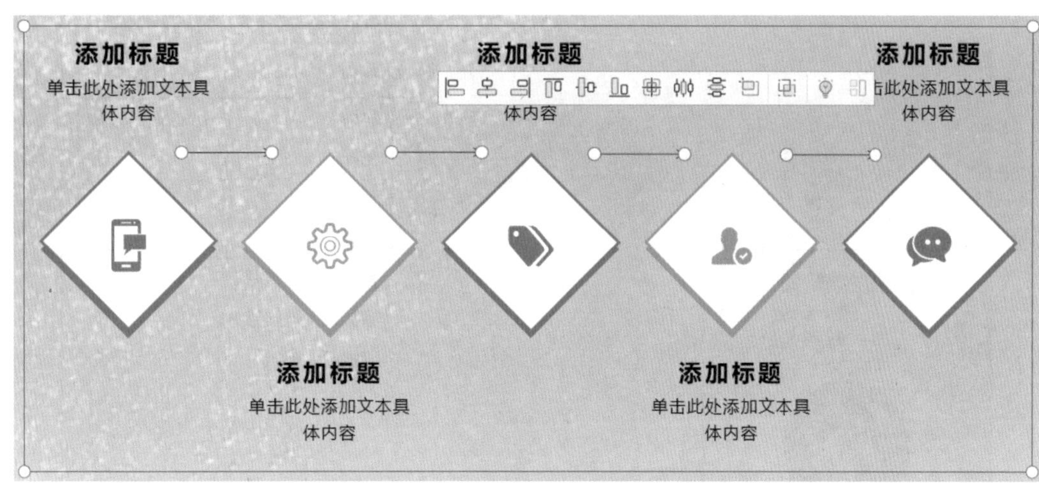

图 2–1–39　删除原版中的箭头形状

16. 制作“发展规划”页

“发展规划”部分的素材只有文字，没有图片。经研读文字部分，包含 4 个按时间设定的计划，可以看作是顺序关系。前面的“营销策略”已经使用了本模板的顺序结构版式，为了体现多样性，在 WPS 免费模板中寻找其他顺序结构版式，并制作动画展示时间的先后关系。

（1）复制版式

经浏览 WPS 免费模板，发现“粉蓝渐变风”的品牌推广方案模板中的顺序图适合本页内容。新建空白演示文稿，应用免费专区中的“粉蓝渐变风”品牌推广方案模板中的顺序结构版式，如图 2–1–40 所示。在幻灯片导航区复制该页到“营销策划”页的后面，复制后的效果如图 2–1–41 所示。

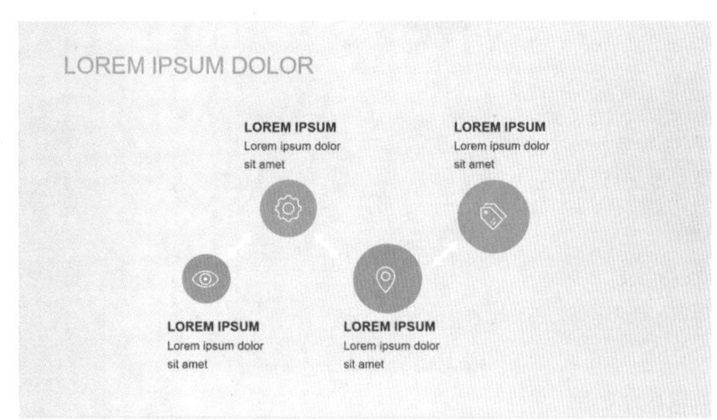

图 2–1–40　顺序结构版式原版

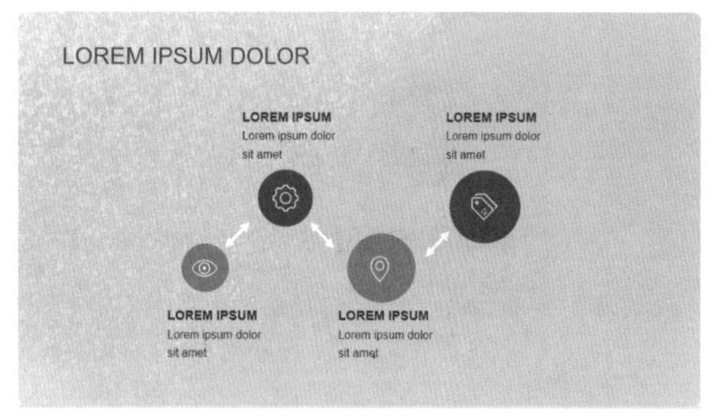

图 2–1–41　复制到本模板后的顺序结构版式

（2）输入文字

根据“发展规划”文字稿，给各个阶段输入文字并适当排版，分别组合 4 个发展阶段的图标、圆、标题和内容，并在“选择窗格”中命名，如图 2–1–42 所示。

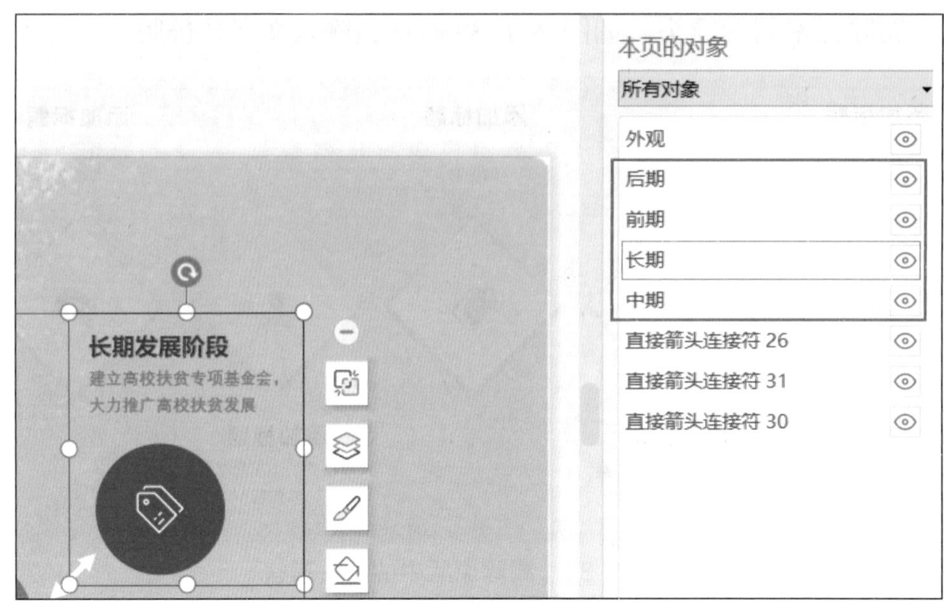

图 2–1–42　命名对象

（3）绘制波浪线

为取得连续的动画效果，采用波浪线。首先删除此页中的 3 条白色线段，然后在“插入”选项卡中单击“形状”下拉菜单“线条”中的曲线图标 S，绘制波浪线，并设置线条颜色（用“取色器”取得矩形的黄色）和宽度（4 磅），如图 2–1–43 所示。

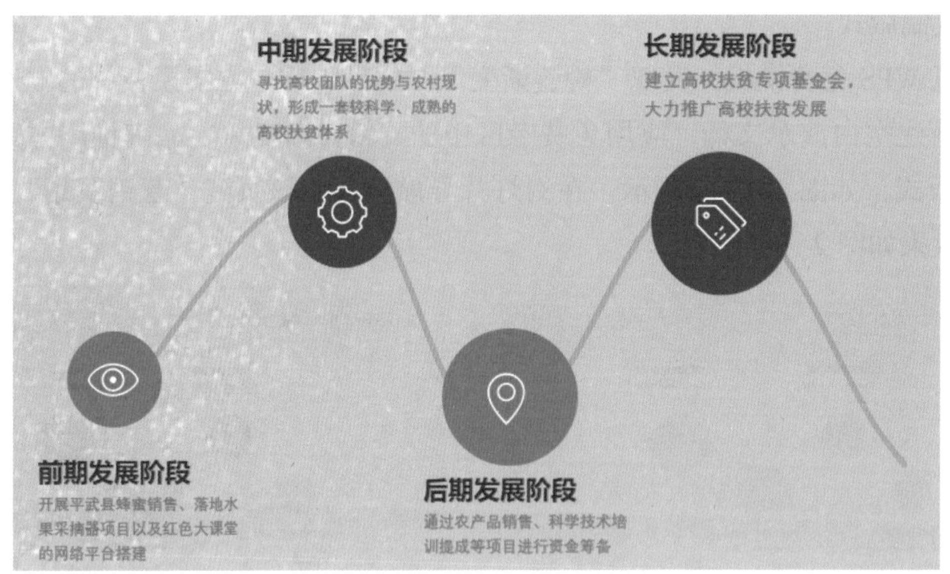

图 2–1–43　波浪线效果

（4）制作动画

步骤 1：在“选择窗格”中同时选择“前期”“中期”“后期”“长期”。

步骤 2：单击窗口右侧的 自定义动画 图标，显示“自定义动画”窗格，单击“添加效果”按钮，选择“进入”动画“温和型”选项区域的“缩放”选项，然后设置动画的“开始”为“之前”，“缩放”为“内”，“速度”为“快速”。

步骤 3：为了实现文字随着波浪线依次呈现的效果，需要设置文字延迟出现。在“自定义动画”窗格中单击“中期”按钮，在下拉菜单中，单击“效果选项”命令，如图 2-1-44 所示。

步骤 4：打开“缩放”窗口，在“计时”选项卡中设置延迟时间为 1 s，如图 2-1-45 所示。用同样的方法设置“后期”“长期”的延迟时间分别为 2 s、3 s。

步骤 5：为波浪线添加进入动画，属性设置如图 2-1-46 所示，速度为 4 s。

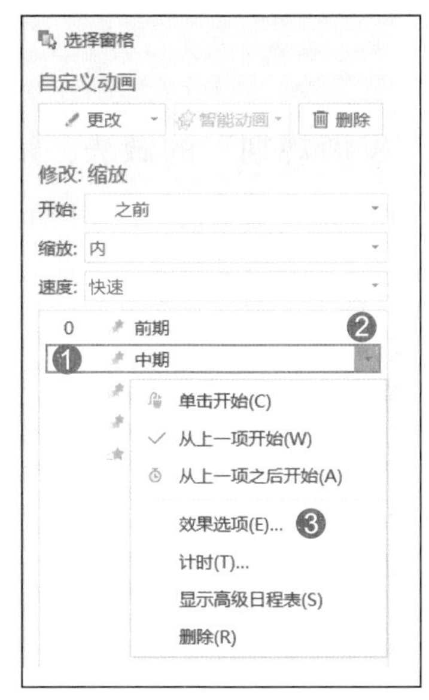

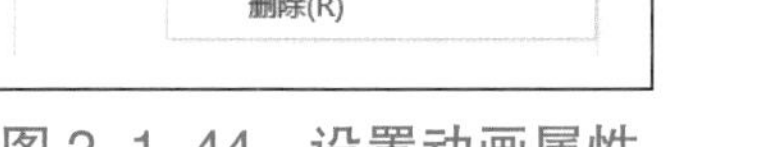

图 2-1-44　设置动画属性

图 2-1-45　设置延迟时间

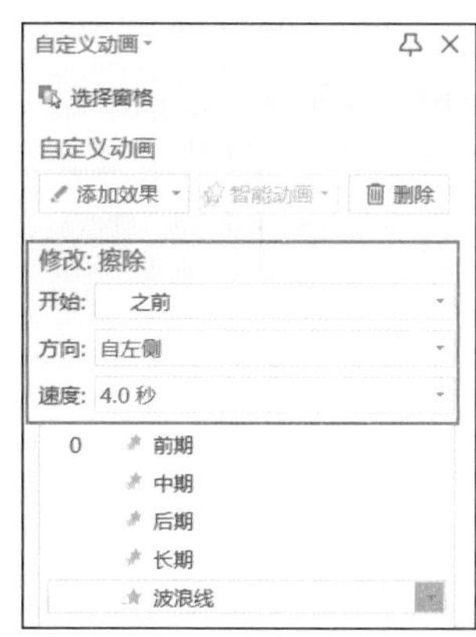

图 2-1-46　波浪线动画属性

17. 制作“财务与风险”页

制作方法同“营销策划”页。

18. 制作“资金来源”页

“资金来源”的文字介绍了创业资金的来源，可以看作是比例关系。仿照第 16 页“发展规划”中复制顺序结构版式的方法，复制“蓝色商务部门工作汇报”模板中的比例关系版式，如图 2-1-47 所示，复制后的效果如图 2-1-48 所示。首先删除原来的文本框、背景等，从外观上与本演示文稿保持一致。根据“资金来源”文字中的各项数值，输入文字和数值。

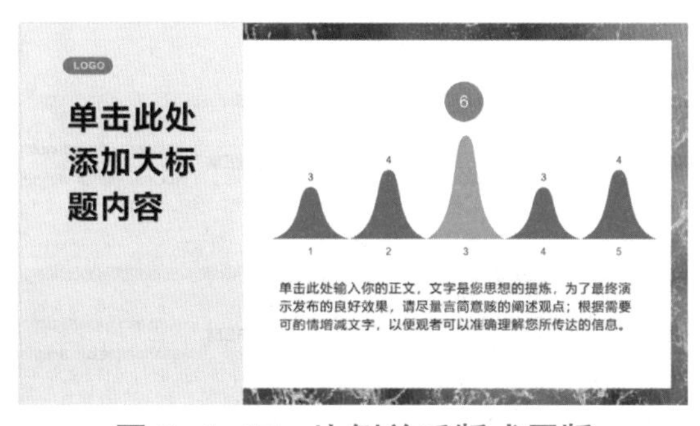

图 2-1-47　比例关系版式原版

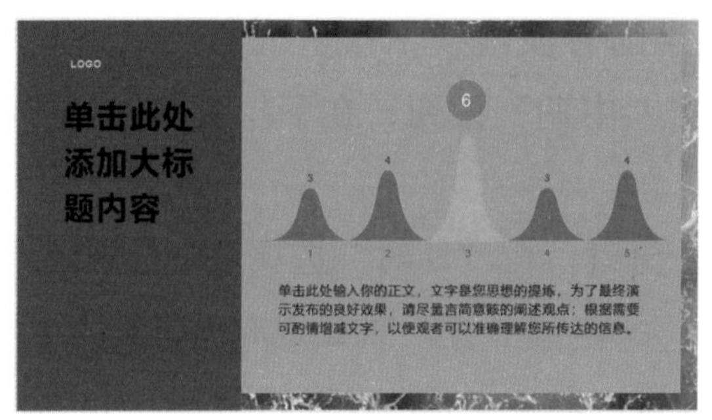

图 2-1-48　复制后的版式

19. 制作“风险分析”页

“存在风险”属于并列关系的四要素，仿照前面第 16 页“发展规划”的做法，复制“渐变产品营销方案”模板中的四要素版式到“资金来源”页的后面，如图 2-1-49 所示。复制外观并输入文字，适当排版，设置错落形式，使演示文稿显得活泼不呆板。

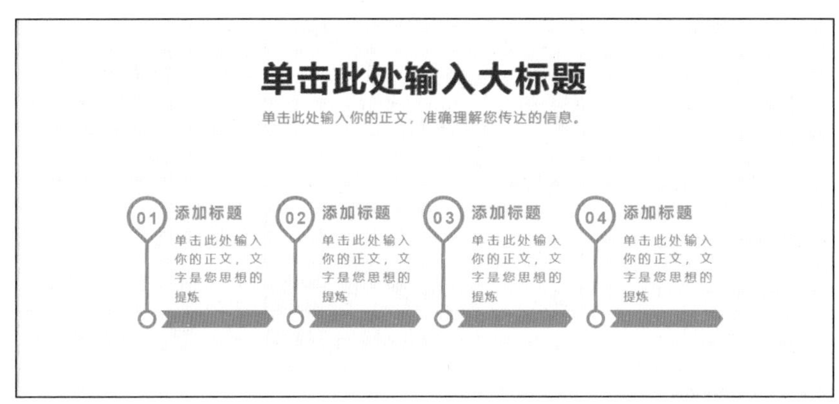

图 2-1-49　四要素版式 1

20. 制作“应对措施”页

“应对措施”也是并列关系的四要素，为了体现多样性，复制免费专区中的“粉蓝渐变风品牌推广方案”模板中的四要素版式，如图 2-1-50 所示；复制内容级别外观并输入文字，适当排版即可。

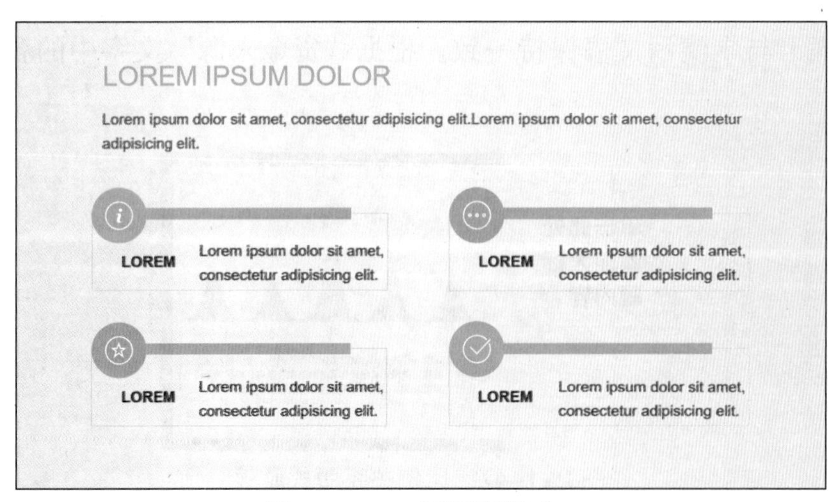

图 2-1-50　四要素版式 2

21. 制作结束页

结束页通常是感谢或者联系方式的信息，采用模板自带的结束页，将“Thanks”修改为“感谢观看”。

22. 为所有幻灯片添加切换效果

为幻灯片添加切换效果，使演示文稿在播放时具有动感，吸引观众的注意力。单击“切换”选项卡，选择“淡出”效果，并设置效果和速度，如图 2-1-51 所示，最后单击“应用到全部”按钮，使所有幻灯片具有相同的切换效果。

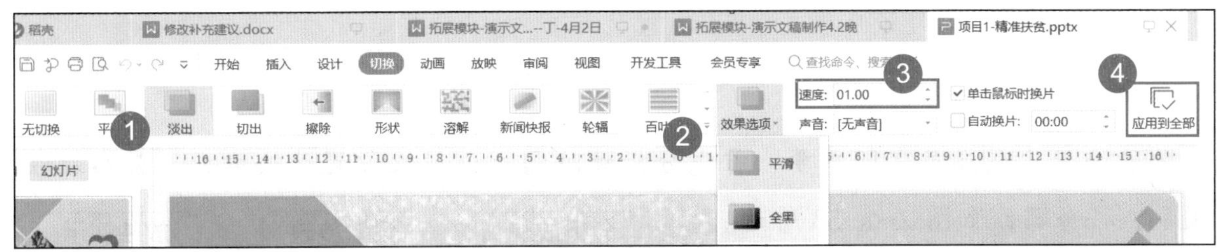

图 2-1-51　设置切换效果

在幻灯片导航区删除模板中多余的幻灯片，整个演示文稿制作效果如图 2-1-52 所示。

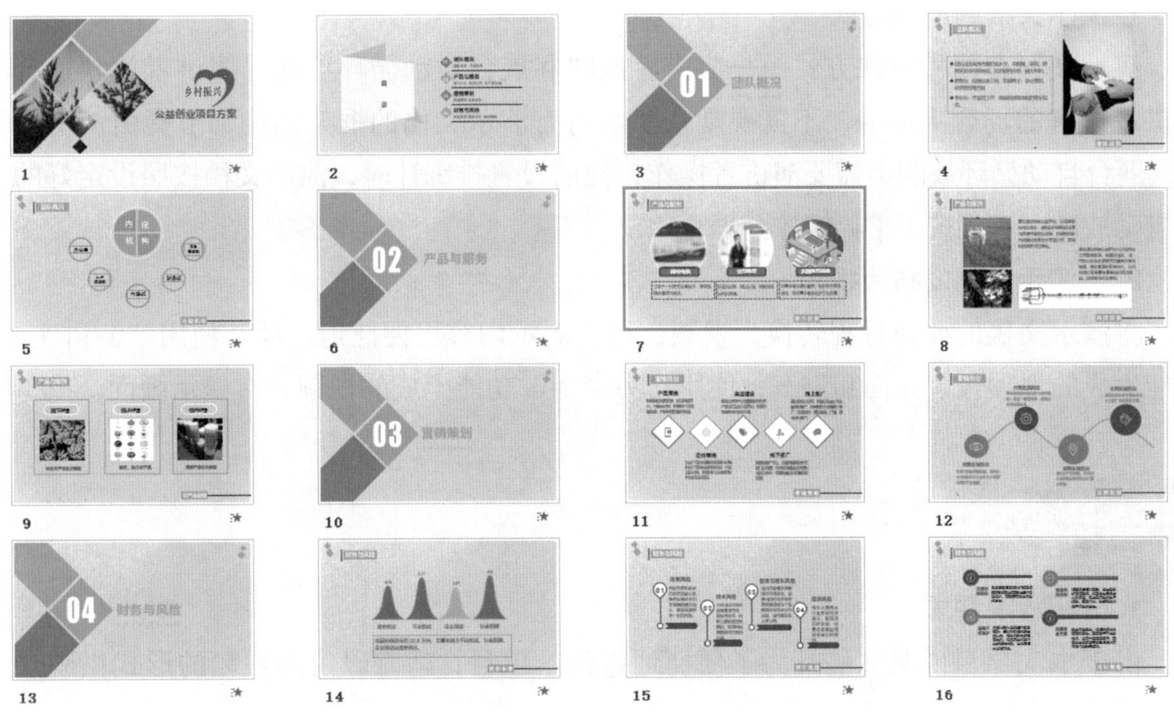

图 2-1-52　“乡村振兴”公益创业项目说明文稿效果图

任务4 发布演示文稿

任务描述

根据放映需求，发布演示文稿。

任务分析

要使演示文稿满足实际需要，首先分析放映需求，其次设置放映方式，最后放映演示文稿，任务路线如图 2-1-53 所示。

分析放映需求 → 设置放映方式 → 放映演示文稿

图 2-1-53 任务路线

任务准备

1. 演示文稿的放映方式

演示文稿有两种放映方式——演讲者放映和展台自动循环放映。演讲者放映适合在演讲或讲解的场合下放映，不需要观众了解所有演示文稿的框架结构，节奏由演讲人把控；展台自动循环放映不需要演讲者操作，提前设置排练计时，演示文稿按照设定好的时间自动放映，直到按下 Esc 键才会停止。

2. 将演示文稿发布为视频

将演示文稿的放映过程转换为视频，可使展示内容更便捷地传播。使用“演讲实录”功能生成的视频包含画面和讲解，使用“另存为”功能生成的视频只有演示画面。

任务实施

1. 分析放映需求

由于本次项目说明文稿是为了便捷地宣传本项目，适宜以讲解视频的形式供观众浏览，因此，应将演示文稿发布为有画面和讲解的视频。

2. 录制讲解视频

在“放映”选项卡中单击“演讲实录”按钮，在弹出框中选择“视频路径”命令，根据需要选中“开启音频同步”复选框及“同时导出 WebM 视频播放教程”复选框；单击“开始录制”按钮进入录制页面，录制完成后会自动生成视频文件。目前输出视频格式为 WebM，可使用格式工厂转换为 MP4 视频。

项目分享

方案 1：各工作团队展示交流项目，谈谈自己的心得体会，并选派代表分享交流。

方案 2：由学生代表与指导教师组成项目评审组，各工作团队制作汇报材料并进行答辩。

项目评价

请根据项目完成情况填涂表 2-1-5。

表 2-1-5 项目评价表

类别	内容	评分
项目质量	1. 各个任务的评价汇总 2. 项目完成质量	☆☆☆
团队协作	1. 团队分工、协作机制及合作效果 2. 协作创新情况	☆☆☆
职业规范	1. 项目管理、实施环境规范 2. 项目实施过程、相关文档的规范	☆☆☆
建议		

注：“★☆☆”表示一般，“★★☆”表示良好，“★★★”表示优秀。

项目总结

本项目依据行动导向理念，将行业中工作汇报、交流演示文稿制作中的典型工作任务——制作“乡村振兴”助农公益创业项目说明文稿，转化为项目学习内容，注重学生规范制作演示方向能力的培养，学习内容即工作任务，通过工作实现学习。本项目共分为 4 个任务，在“编写演示文稿制作纲要”任务中介绍了如何分析客户需求、设计演示文稿制作纲要，作为引导文指导完成演示文稿制作；在“选取与加工素材”任务中介绍了搜集和处理素材的方法；在“制作演示文稿”中介绍了制作规范、美观的演示文稿；在“发布演示文稿”中介绍了如何存储并发布不同场景的演示文稿。在整个项目实施过程中，培养学生严谨、仔细的敬业精神和赏美、践美的修养，制作符合客户要求的作品。

项目拓展 制作“海乐之友”创业项目说明文稿

1. 项目背景

某中职学校的5位同学组建缤Go创业团队，经过周密的市场调研，决定和生产销售青少年无醛家具的海乐之友家具有限公司合作，并编写了翔实的项目计划书。为了更好地展示、宣传创业项目，以期获得更多市场融资，团队决定制作项目说明文稿，以MP4视频方式呈现。

2. 预期目标

1）项目说明文稿制作要求如下。

①图文并茂、带讲解，真实可信。

②时长10~15分钟。

2）说明文稿部分参考效果图如下。

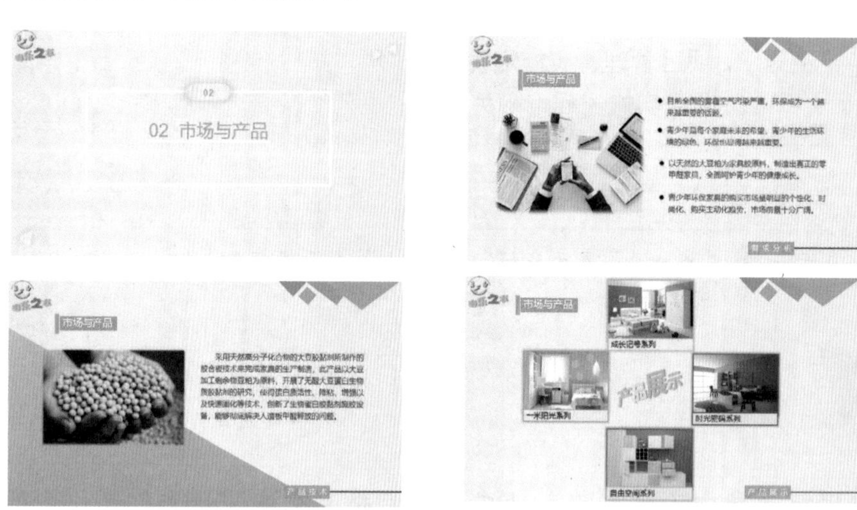

注：说明文稿部分效果图仅作参考，请自主设计制作。

3. 项目资讯

1）与文字版的项目计划书相比，以演示文稿形式展示项目有什么优势？

____

____

2）制作演示文稿的流程是什么？

____

____

3）在文字版项目计划书的基础上，如何确定项目说明类文稿的主要内容？

____

____

4. 项目计划

绘制项目计划思维导图。

5. 项目实施

任务 1：编写制作纲要

根据项目计划书，编写说明文稿制作纲要，并填写制作纲要分析表。

<table>
<tr><th colspan="2">实际需求</th><th>演示文稿</th></tr>
<tr><td rowspan="4">放映需求</td><td>用途：</td><td rowspan="3">总体风格：
色调：</td></tr>
<tr><td>场合：</td></tr>
<tr><td>受众：</td></tr>
<tr><td>屏幕：</td><td>尺寸大小：</td></tr>
<tr><td>项目说明文档</td><td>说明文档主要内容：</td><td>展示内容：</td></tr>
</table>

任务 2：采选、加工素材

根据制作纲要，分析素材的内容和类型，通过各种途径采集素材，并进行必要的加工处理，填写素材分析与采集记录表。

制作纲要		目的	具体内容	素材类型	素材文件
展示内容	各项展示内容				
总体风格	提升展示效果				

任务 3：制作演示文稿

依托采集的素材，制作演示文稿。

任务 4：发布演示文稿

根据项目需求，发布演示文稿。

6. 项目总结

（1）过程记录

记录项目实施过程中的各种情况，为工作总结提供依据，如表格不够，可自行加页。

序　号	内　容	思考及解决方法
1		
2		
3		

（2）工作总结

从整体工作情况、工作内容、反思与改进等几个方面进行总结。

7. 项目评价

内　容	要　求	评　分	教师评语
项目资讯（10分）	回答清晰准确，紧扣主题，没有明显错误		
项目计划（10分）	计划清楚，图表美观，能根据实际情况进行修改		
项目实施（60分）	实施过程安全规范，能根据项目计划完成项目		
项目总结（10分）	过程记录清晰，工作总结描述清楚		
态度素养（10分）	按时出勤、积极主动、清洁清扫、安全规范		
合计	依据评分项要求评分合计		

项目 2　制作红旗H9汽车展示文稿

项目背景

小小在某汽车 4S 店从事汽车销售工作。近期，公司要参加本市汽车展销会，需要为主推产品红旗 H9 制作展示文稿。小小在校期间参加过演示文稿制作比赛，有一定的制作经验，为了进一步提升自己，他主动申请完成这项任务。

项目分析

按照演示文稿的制作流程，小小拟订了制作计划。首先根据展示主题和发布需求，编写演示文稿制作纲要；其次依据制作纲要，采选并加工所需的文字、图片、音视频等各种素材；再次通过内容的表达与呈现，实现产品的展示效果；最后根据实际需求，发布（放映）演示文稿。项目结构如图 2-2-1 所示。

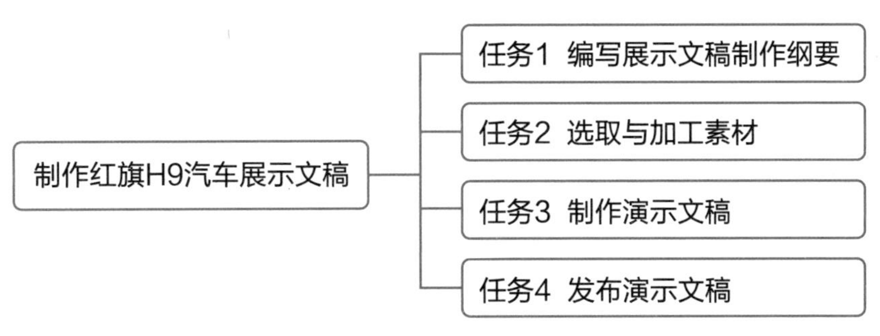

图 2-2-1　项目结构

学习目标

- 会根据业务需求编写演示文稿制作纲要。
- 能依据制作纲要，采选、加工素材。
- 能利用工具制作、美化演示文稿。
- 能根据需求发布（放映）演示文稿。

任务 1 编写展示文稿制作纲要

任务描述

根据展示主题和发布需求，编写演示文稿制作纲要，为后续的素材搜集和演示文稿制作提供指导。

任务分析

演示文稿制作纲要包括演示文稿的主要内容、总体风格、色调和尺寸大小。首先分析演示文稿的主题和受众，确定演示文稿的总体风格和色调；总结、概括汽车销售过程中客户所关心的要素，确定演示文稿的主要内容；到展销会现场查看屏幕大小，确定汽车展示的演示文稿的尺寸大小；然后反复咨询同事的意见，不断完善制作纲要。任务路线如图 2-2-2 所示。

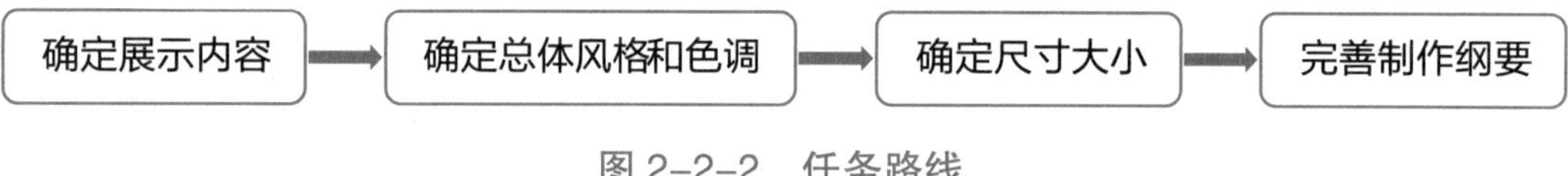

图 2-2-2 任务路线

任务准备

1. 内容选取依据

产品展示类演示文稿展示内容主要为客户在购买产品时所关注的要素，这需要根据自身的销售经验进行总结和概括。

2. 演示文稿的大小

参照项目 1 中的对应内容。

3. 制作纲要分析表

制作纲要分析表（样表）如表 2-2-1 所示。

表 2-2-1 制作纲要分析表（样表）

实际需求		演示文稿
放映需求	用途：	总体风格： 色调：
	场合：	
	受众：	
	屏幕：	尺寸大小：
产品信息	客户关注要素：	展示内容：

1. 确定展示内容

本次展示的产品是一款汽车，客户在购买汽车时通常会关注品牌、系列、外观、价位、性能、维修保养等方面，由此确定展示内容为产品基本信息（品牌、系列）、产品展示（外观、价位）、产品性能特点、售后服务。

2. 确定总体风格和色调

展销会进行的汽车展示属于商务活动，受众是意向购买人群，他们大部分是有经济能力的人士，由此确定本演示文稿的总体风格是严肃、庄重，色调采用蓝色系列。

3. 确定尺寸大小

经查看现场并请示公司领导，本次展示屏为 75 英寸液晶电视，屏幕长宽比为 16：9，由此确定演示文稿尺寸大小为 16：9。

4. 多方咨询，完善制作纲要

对于展示内容、总体风格、色调，咨询了店长和经验丰富的同事，根据意见修改完善制作纲要。最终，红旗 H9 汽车展示文稿的制作纲要如表 2-2-2 所示。

表 2-2-2 红旗 H9 汽车展示文稿的制作纲要

实际需求		演示文稿
放映需求	用途：开拓市场	总体风格：严肃、庄重 色调：蓝
	场合：展销会	
	受众：有一定经济能力和爱国情怀的人士	
	屏幕：75 英寸液晶电视	尺寸大小：16 ：9
产品信息	客户关注要素： 品牌、系列、外观、价位、性能、维修保养等方面	展示内容： 产品基本信息（品牌、系列） 产品展示（外观、价位） 产品性能特点 售后服务

任务 2 选取与加工素材

任务描述

根据演示文稿的内容和风格，制作、采选、加工所需的文字、图片、音视频等不同类型的素材，为后续演示文稿的制作提供素材。

任务分析

根据制作纲要中确定的展示内容，分析出所需素材的类型和主要内容；通过各种途径采选素材，并根据需要对素材进行加工处理；将素材保存在恰当的位置，便于后期制作演示文稿时快速地找到所需素材。任务路线如图 2-2-3 所示。

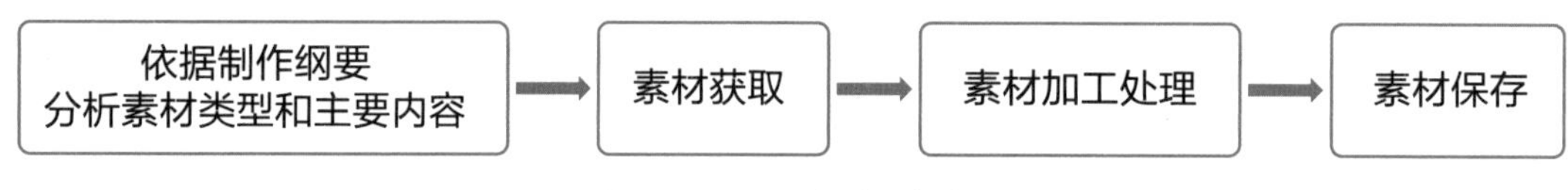

图 2-2-3　任务路线

任务实施

1. 素材分析

本次红旗 H9 汽车展示文稿的内容包括品牌、系列、外观、价位、性能特点和售后服务。“品牌”展示的目的是让观众对该汽车品牌有一定认知，产生信任感，具体内容可以包括品牌历史、品牌理念、市场地位等，适合采用文字和图片素材联合进行展示。

“外观”展示的目的是让观众形象地感知 H9 系列车型的外部特征，具体内容可以包括整体轮廓、内饰、细节处理等，适合采用文字、图片、视频素材联合进行展示。

按照展示内容的目的、具体内容这样的思路，逐一分析其他展示内容的素材类型，并填写素材分析表。

红旗 H9 展示文稿素材分析表如表 2-2-3 所示。

表 2-2-3 红旗 H9 展示文稿素材分析表

制作纲要		展示目的	具体内容	素材类型
展示内容	品牌	让观众对该汽车品牌有一定认知，产生信任感	一汽红旗创建时间、品牌理念	文字、图片
	H9 系列	让观众详细了解 H9 系列车型	H9 系列推出时间、设计理念、产品特点	文字、图片
	产品展示	让观众形象地感知 H9 系列车型的外部特征	各款车型外观、内饰、细节	文字、图片、视频
	报价	让观众了解 H9 系列车型的价格	各款车型报价	文字
	性能	采用通俗的语言快速让观众形象、具体地了解 H9 系列车型的性能指标	安全、动力、配件	图片、文字
	售后服务	简洁、形象、具体地让观众了解红旗品牌提供的售后服务	维修、保养、应急处理	文字、图片
总体风格	提升展示效果	美观	背景	图片
			图案	图片
		增强韵律感	背景音乐	音频

2. 文字素材

经素材分析，本次展示文稿共需要 5 段文字素材。例如品牌介绍文字，要从大量的文字中挑选与品牌历史、品牌理念、市场地位有关的文字部分，经简化后形成“品牌介绍”文字素材，如图 2-2-4 所示。

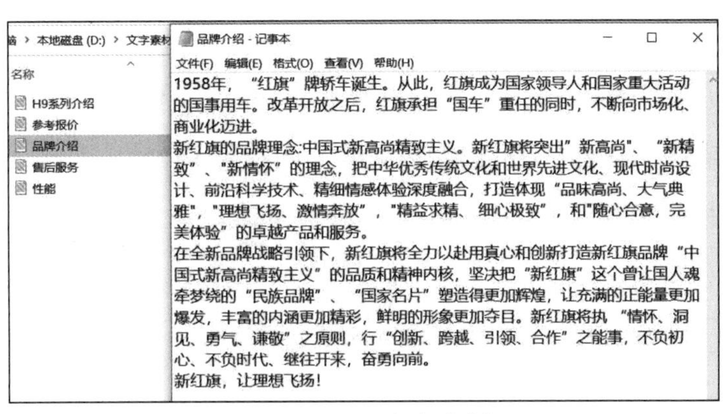

图 2-2-4 文字素材

3. 图片素材

红旗 H9 展示文稿的图片素材较多，获取途径包括自行拍摄、网络搜索、品牌供应商提供等多种途径，最终获得 28 张图片素材，如图 2-2-5 所示。

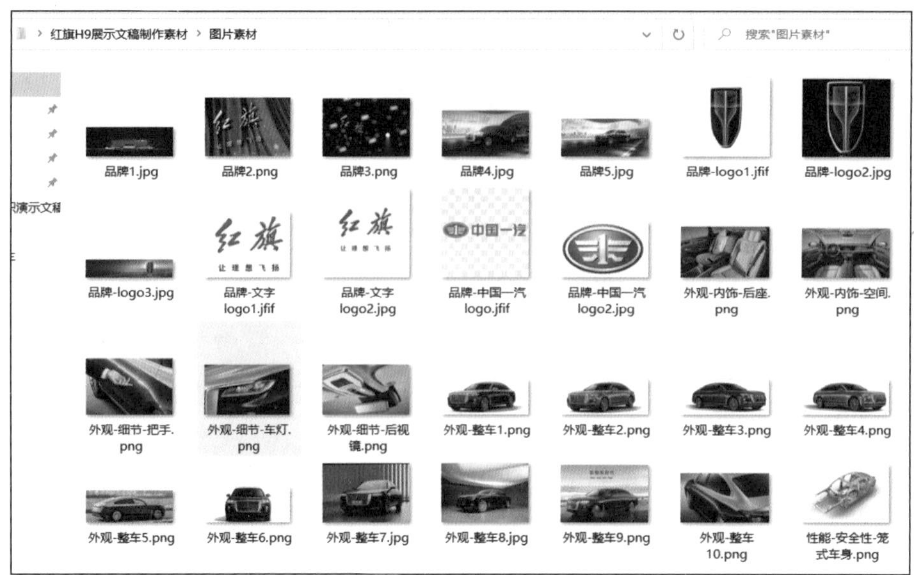

图 2-2-5　图片素材

4. 视频素材

本展示文稿需要一段展示红旗 H9 产品的视频，经网络搜索和品牌方提供，共获得两段与红旗 H9 有关的视频资源，如图 2-2-6 所示。

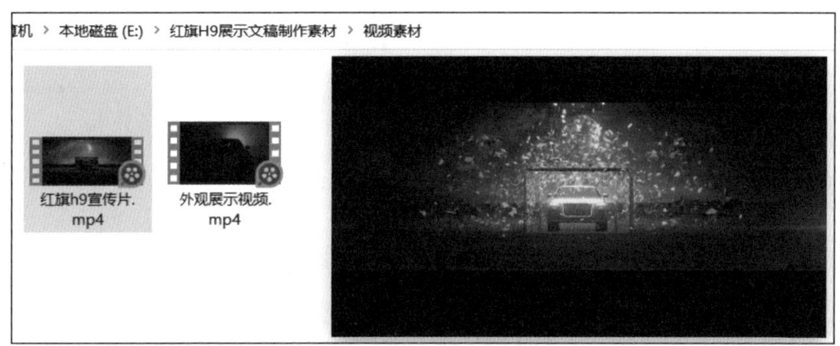

图 2-2-6　视频素材

5. 效果素材

效果素材一般包括背景图片、具有修饰效果的图标或图案、背景音乐。经网络搜索，选取色调与演示文稿色调一致、具有朦胧效果、版权清晰的背景图片两张；从 WPS 提供的模板中截取可自由更换颜色的图标 30 个；付费下载两段欢快、奋进的旋律作为背景音乐素材，如图 2-2-7 所示。

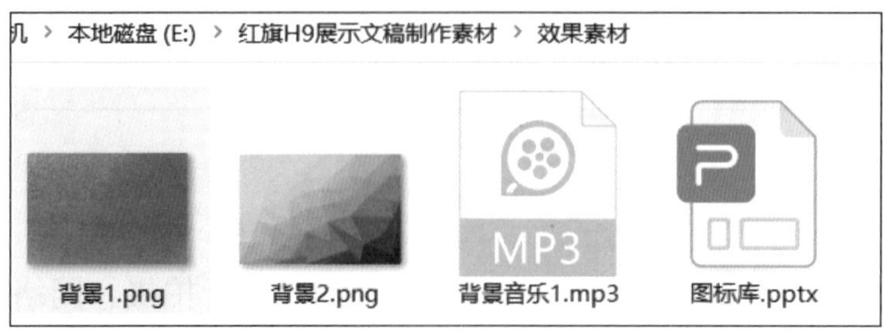

图 2-2-7　效果素材

任务 3 制作演示文稿

任务描述

根据现有素材，制作演示文稿，呈现展示内容。

任务分析

首先选择制作工具，通过文字、图片、表格、音视频、动画等各种操作技术，呈现展示内容；不断咨询各方意见，对演示文稿进行美化，获得最优的展示效果。任务路线如图 2-2-8 所示。

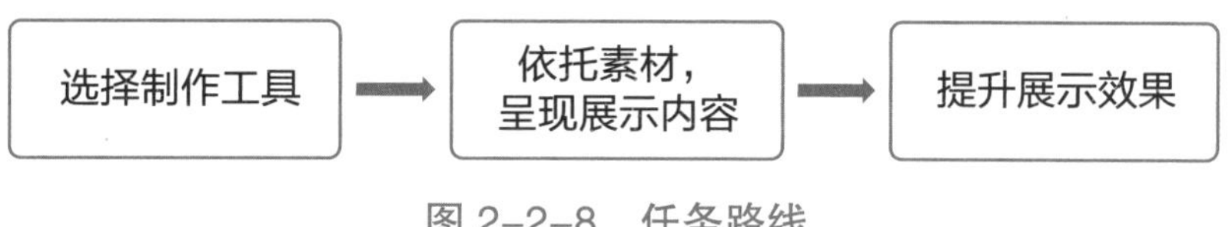

图 2-2-8 任务路线

任务实施

1. 设置幻灯片大小

打开 WPS Office，新建一个空白的演示文稿。幻灯片默认大小为“宽屏 16 : 9”，与教学一体机所用显示屏大小相同，不需要更改。与本次展示所用显示屏大小相同，不需要更改。如果不是 16 : 9 的显示屏，根据实际情况通过执行“设计”→“幻灯片大小”命令进行设置。

2. 制作标题幻灯片

为符合红旗汽车豪华尊贵的风格，在标题页幻灯片中选用一张红旗 H9 侧面图片作为背景图片，图片的背景为一抹大气磅礴的中国红，代表了中国特色。另外，为增加整个页面的层次感、设计感，以及凸显“红旗 H9 汽车展示”标题文字，在页面左侧设置一个半透明效果的梯形。整个页面设计大气简约、有层次感，设计效果如图 2-2-9 所示。

图 2-2-9　设计效果

（1）设置背景图片

在幻灯片空白位置右击，在弹出的快捷菜单中单击“设置背景格式”命令，显示“对象属性”任务窗格，选中“图片或纹理填充”，单击“图片填充”组合框，下拉列表中选择“本地文件”命令，如图 2-2-10 所示，将“图片素材”中的“品牌 5”文件设置为背景填充图片。如果需要对当前背景图片进行调整，还可以进行透明度、放置方式及偏移量的设置，如图 2-2-11 所示。

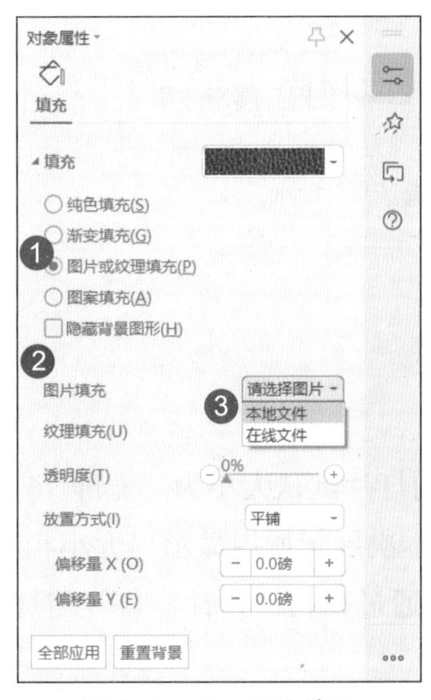

图 2-2-10　图片填充

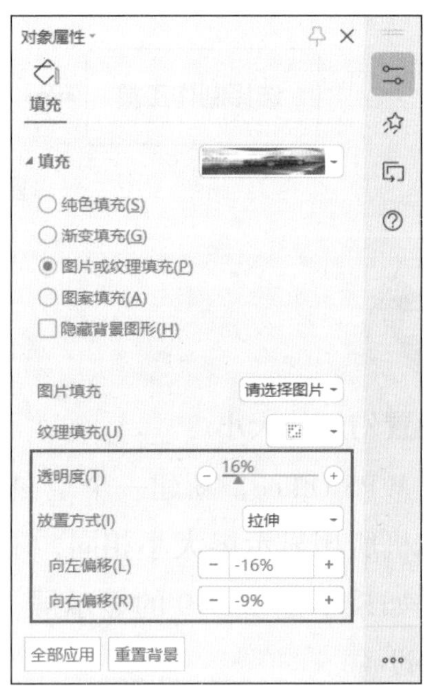

图 2-2-11　透明度、放置方式及偏移量的设置

（2）编辑形状

为使标题文字显示更加明显，在标题文字下方设置一个半透明梯形。首先插入一个矩形，选中该矩形，在“绘图工具”选项卡中，单击“编辑形状”按钮下拉菜单的“编辑顶点”命令，拖动矩形四周的控点得到想要的形状，如图 2-2-12 所示。打开“对象属性”任务窗格，为编辑后的形状设置颜色和透明度，如图 2-2-13 所示。

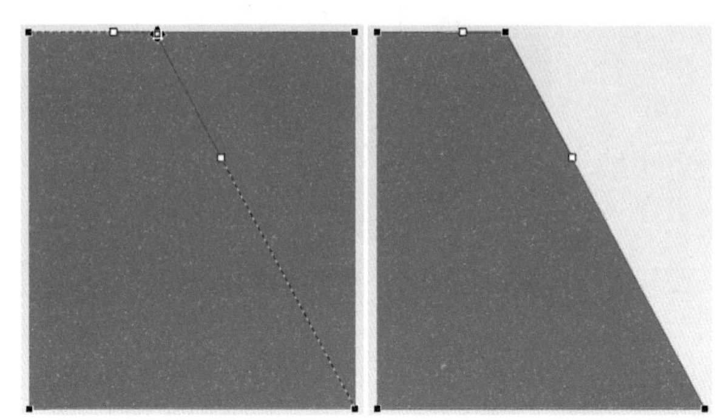

图 2-2-12　编辑顶点

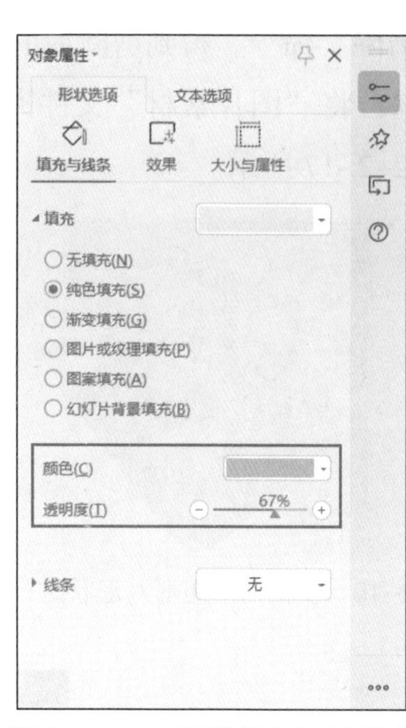

图 2-2-13　设置颜色和透明度

3. 制作目录页

目录页幻灯片的设计原则是简单清晰。除目录标题外，在页面左上方位置设置一个填充了汽车图片的圆角矩形，为增加立体感，在形状下方设置一个同一形状的阴影效果；为增加整个页面的动感，在页面右侧设置两个齿轮旋转的陀螺旋动画；设置这些元素后，整个页面略显单调，此处设置了一个颜色符合幻灯片主题、有立体感的图片作为背景图片。目录页设计效果如图 2-2-14 所示。

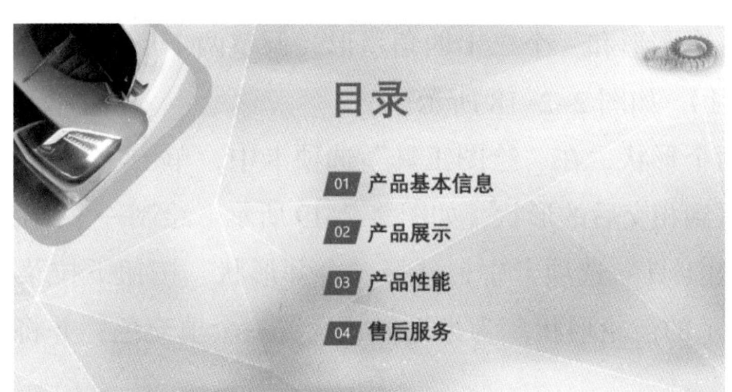

图 2-2-14　目录页设计效果

（1）设置背景图片

将“效果素材”文件夹中的“背景 1”文件设置为幻灯片的背景图片。

（2）使用合并形状功能实现形状裁剪

步骤 1：在目录页幻灯片中插入一个宽高相等的圆角矩形，并旋转到合适角度。

步骤 2：绘制两个矩形，分别放置到圆角矩形需要裁剪掉的位置，如图 2-2-15 所示。

步骤 3：将 3 个形状都选中，在“绘图工具”选项卡中，单击“合并形状”按钮下拉菜单的“剪除”命令，得到剪除后的形状，如图 2-2-16 所示。

步骤 4：将“图片素材”文件夹中的“品牌 - 整车 1”文件填充到剪除后的形状中，效果如图 2-2-17 所示。

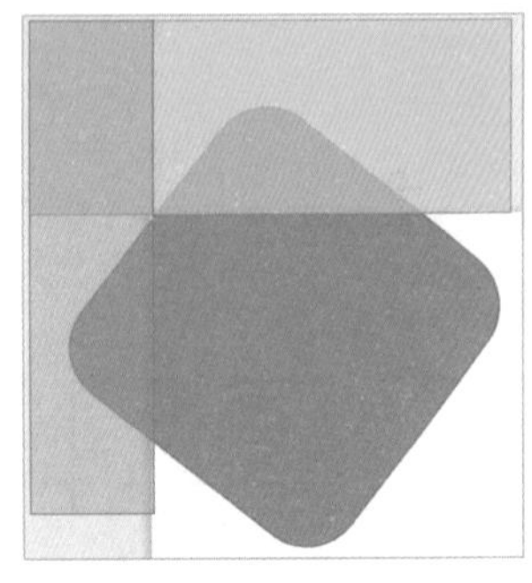
图 2-2-15　使用两个矩形对形状进行裁剪

图 2-2-16　剪除后的形状

图 2-2-17　填充图片后的效果

（3）使用合并形状功能绘制齿轮

步骤 1：绘制一个圆形和一个二十四角星形，调整两个形状的大小和位置（调整位置时注意参考线的使用），如图 2-2-18 所示。

步骤 2：选中两个形状，在“绘图工具”选项卡中，单击“合并形状”按钮下拉菜单的“相交”命令，得到相交后的形状，如图 2-2-19 所示。绘制一个圆形放置在如图 2-2-20 所示位置，在“绘图工具”选项卡中，选择“合并形状”按钮下拉菜单的“剪除”命令，得到如图 2-2-21 所示的齿轮形状。为齿轮形状设置一个填充色，并将其轮廓线设置为无。

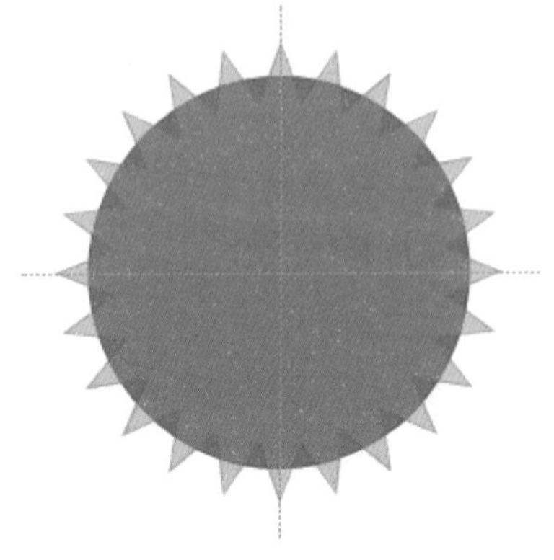
图 2-2-18　齿轮制作 1

图 2-2-19　齿轮制作 2

图 2-2-20　齿轮制作 3

图 2-2-21　齿轮制作 4

步骤 3：选中该形状，在“绘图工具”选项卡中，单击“形状效果”按钮下拉菜单的“更多设置”命令，在打开的“对象属性”任务窗格中设置其三维格式，如深度、材料和光照效果等，此处设置的各项参数如图 2-2-22 所示，设置效果如图 2-2-23 所示。

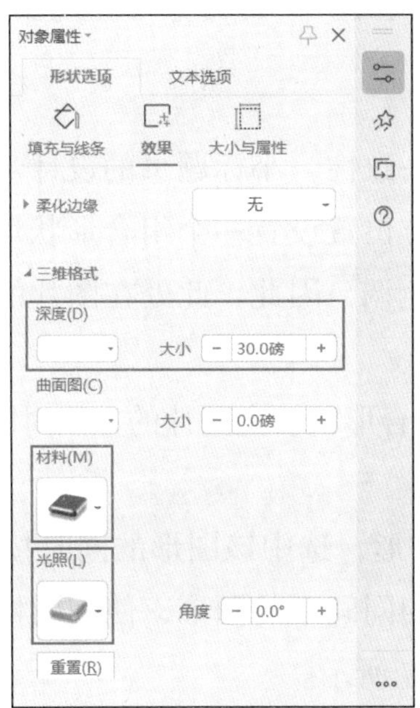

图 2-2-22　各项参数设置

步骤 4：选中具有三维效果的形状，按 Ctrl+D 组合键复制一个形状，改变其大小和填充色。另外，也可根据需要对两个形状进行旋转，效果如图 2-2-24 所示。

图 2-2-23　设置效果

图 2-2-24　三维效果

（4）为齿轮设置陀螺旋动画

分别为两个齿轮对象添加“陀螺旋”强调动画，在“效果”选项卡中分别设置其

“数量”值为“360° 逆时针”和“360° 顺时针”，如图 2-2-25 所示。设置后，两个齿轮的动画效果为一个顺时针旋转，一个逆时针旋转。

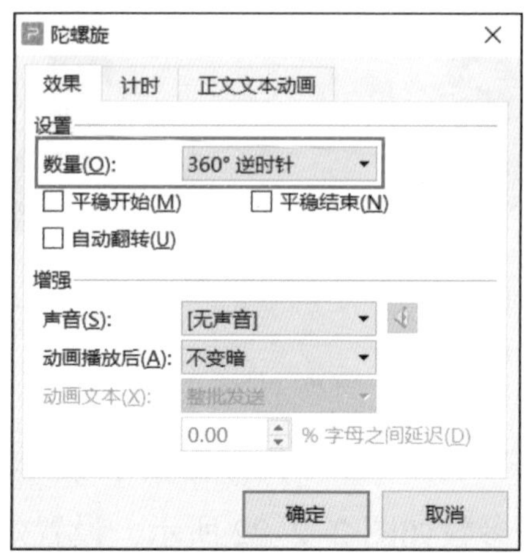

图 2-2-25 “陀螺旋”动画效果设置

4. 制作“产品基本信息”页

为保证幻灯片整体风格的一致性，小标题页的设计与目录页设计基本相同。为了与目录页有所区分，在页面左上方位置设置一个组合形状填充效果的图片。整个演示文稿在颜色使用上基本采用的是蓝色调，因此，此处在图片的选择上也注重与整个演示文稿的一致性，采用了蓝色调的图片。

为增加美感，可以通过为组合形状填充图片的方法对图片进行美化，效果如图 2-2-26 所示。

步骤 1：绘制一个圆角正方形，选中该图形的同时按住 Ctrl+Shift 组合键向右拖动鼠标在水平方向复制出两个具有相同间距的图形，使用同样的方法在垂直方向复制出两行同间距的图形，效果如图 2-2-27 所示。

步骤 2：选中所有图形，按 Ctrl+G 组合键对图形进行组合。

步骤 3：将“图片素材”文件夹中的“品牌 - 整车 2”文件填充到组合图形中。

图 2-2-26 组合形状填充效果

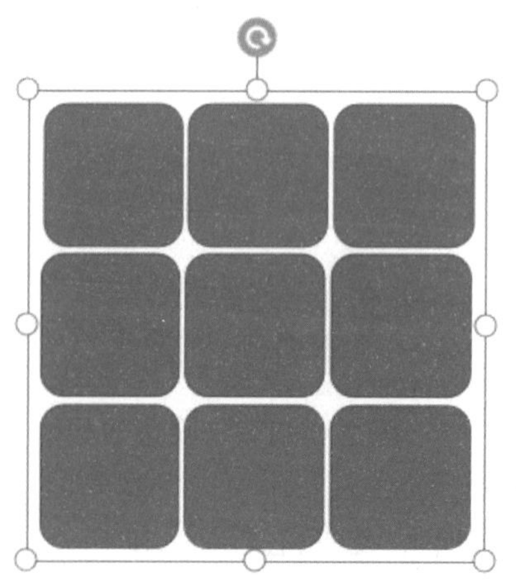

图 2-2-27 制作组合形状

5. 制作“品牌介绍”页

品牌介绍页主要是对红旗H9进行相关介绍，因介绍以文字为主，整个页面略显单调。为避免这一问题，该页面在版面设计上采用了文字和图片穿插摆放的形式，使得整个页面更加饱满、图文并茂。“品牌介绍”页设计效果如图 2-2-28 所示。

图 2-2-28 “品牌介绍”页设计效果

图片裁剪：在“品牌介绍”幻灯片中，需要插入代表品牌形象的图片，如图 2-2-29 所示。为了更加清晰地展示图片中间的汽车部分，需要对原图片进行裁剪。选中图片，在“图片工具”选项卡中，单击“裁剪”按钮，图片四周出现 8 个裁剪控点，按照裁剪需求拖动相应控点得到想要裁剪的图片效果，如图 2-2-30 所示。

图 2-2-29 原图

图 2-2-30 裁剪的图片效果

6. 制作“H9 系列介绍”页

本页幻灯片也以文字说明为主，为了增加画面感，在页面下方设计一个立体折叠效果的图形。折叠图形的设计既能展示 H9 系列汽车图片，又可增加页面的层次感，使得整个页面生动饱满。

实现图形立体折叠效果：为了更加立体地展示 H9 系列汽车图片，使用了图形立体折叠效果，如图 2–2–31 所示。

图 2–2–31　图形立体折叠效果

步骤 1：绘制一个等腰梯形，在“绘图工具”选项卡中，单击“旋转”按钮下拉菜单的“向右旋转 90°”命令，将梯形向右旋转 90°。将“图片素材”文件夹中的“外观 – 整车 4”文件填充到该形状中，效果如图 2–2–32 所示。在“对象属性”窗格中取消选中“与形状一起旋转”复选项，如图 2–2–33 所示，此时的填充效果如图 2–2–34 所示。可以进一步设置“对象窗格”中“向左偏移”和“向右偏移”的值以调整图片在形状中的显示。

步骤 2：在水平方向上复制一个梯形，并对其进行水平翻转，向形状中填充其他需要展示的图片。使用同样的方法实现其他图片的折叠效果。

图 2–2–32　向梯形中填充图片

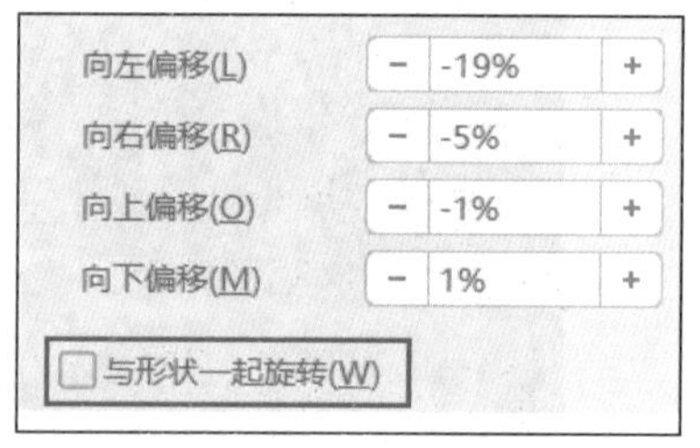

图 2–2–33　取消“与形状一起旋转”复选项

图 2–2–34　填充效果

7. 制作“产品展示之外观展示”页

本页幻灯片主要是对汽车产品进行外观展示。因为要进行多张图片展示，所以自然想到要使用首尾相连进行播放的动画，要想实现这种效果的动画，首先会想到的是跑马灯动画。在演示文稿中添加跑马灯动画可以增强视觉流动感，有效地展示多张图片内容。

跑马灯动画效果描述如下：第一张图片自左侧飞入的同时放大显示，然后第一张图片自右侧飞出，同时缩小显示。第一张图片飞出的同时，第二张图片自左侧飞入，同时放大显示。依据这个方式依次展示。制作步骤如下。

步骤 1：首先在“选择窗格”中为当前 5 个图片分别命名为“图片 1”~“图片 5”。

步骤 2：选中“图片 1”对象，依次添加以下 4 个动画。

A 进入动画，飞入型，自左侧方向。

B 强调动画，放大 / 缩小方式，放大 150%。

C 退出动画，飞出型，自右侧方向。

D 强调动画，放大 / 缩小方式，缩小 50%。

其中，动画 B 中“放大 150%”的设置方法是：在“自定义动画”任务窗格中双击 图片1 图标（图片 1 对象的强调动画项），打开“放大 / 缩小”对话框，进行如图 2-2-35 所示的设置。缩小比例设置方法与此相同。

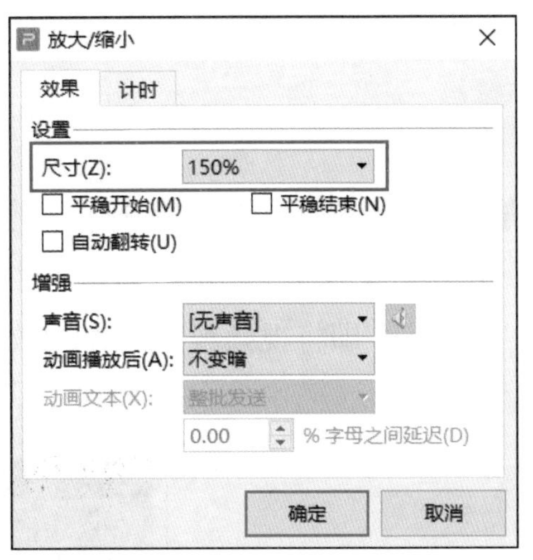

图 2-2-35　“放大 / 缩小”动画效果设置

步骤 3：同时选中 4 个动画，将其动画持续时间均设置为 2 秒。

步骤 4：根据动画播放顺序，将图片 1 的 4 个动画的开始时间设置为如图 2-2-36 所示，即飞入的同时放大，然后退出的同时缩小。

步骤 5：使用同样的方法为“图片 2”~“图片 5”设置同样的 4 个动画，并依据动画的播放顺序，为各个动画设置开始时间。需要注意的是，上一张图片飞出的同时，下一张图片飞入。动画的高级日程表效果如图 2-2-37 所示。

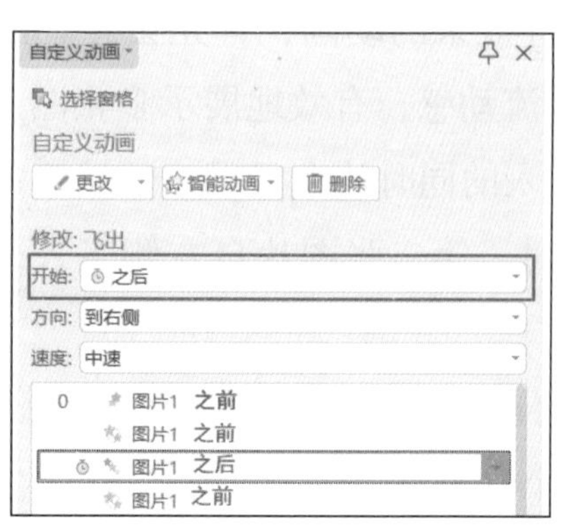

图 2-2-36　动画的开始时间设置

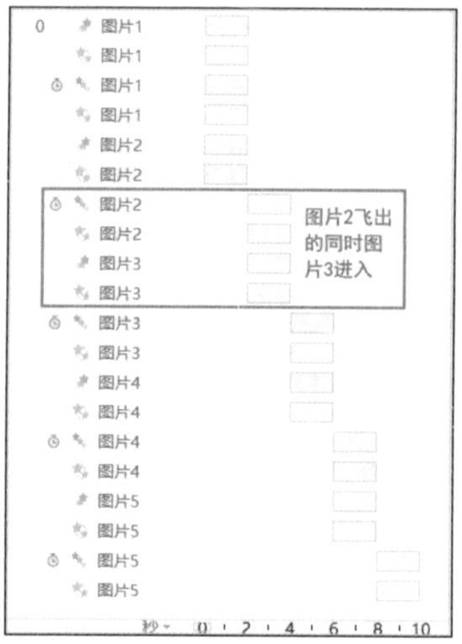

图 2-2-37　动画的高级日程表效果

8. 制作“产品展示之展示视频”页

为了更加动态、直观地展示汽车产品，小小在展示视频幻灯片中插入了红旗汽车外观展示视频文件。为了增加视频播放的场景感，在视频周围绘制了电视形状。形状的添加使得整个页面更加有立体感和真实感，达到引人入胜的效果。

（1）插入视频

在“插入”选项卡中，单击“视频”按钮下拉菜单的“嵌入本地视频”命令，将“视频素材”文件夹中的“外观展示视频”文件插入到幻灯片中，插入后状态如图 2-2-38 所示。

（2）裁剪视频

选中插入的视频，在“视频工具”选项卡中，单击“裁剪视频”按钮，打开“裁剪视频”对话框，在“开始时间”和“结束时间”对应的微调框中设置视频开始时间和结束时间，此处将结束时间设置为“00:20”，即将视频裁剪到 20 秒处结束，如图 2-2-39 所示。

图 2-2-38　插入视频

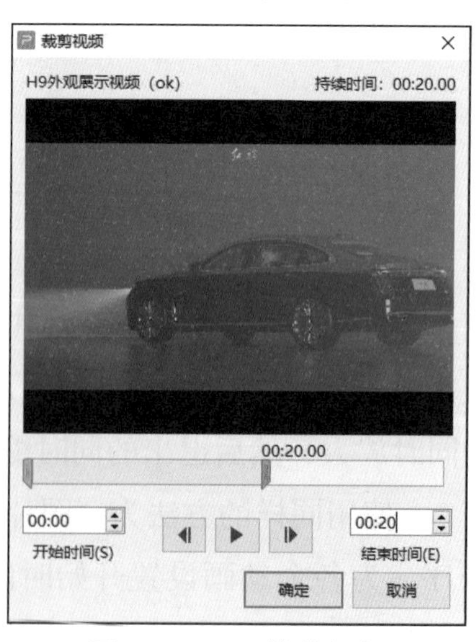

图 2-2-39　裁剪视频

（3）外观美化

插入的视频没有外边框，不美观。小小准备利用前面学过的合并形状功能自己制作一个如图 2–2–40 所示的视频外框。外框上半部分是由一大一小两个圆角矩形通过合并形状的剪除功能得到的；下半部分的底座是由一个矩形和一个梯形通过合并形状的结合功能得到的。加上外框的视频效果如图 2–2–41 所示。

图 2–2–40 视频外边框效果

图 2–2–41 加上外框的视频效果

9. 制作“产品性能”页

本页幻灯片主要从“技术”“动力”“安全”3 个方面对 H9 产品进行性能说明，因此该幻灯片在版面设计上主要划分了左、中、右 3 个部分，每个部分纵向展示图片、连接符与文字。在展示各对象的过程中使用了动画效果，能够更好地展现各部分之间的关系。动画效果的添加使得整个幻灯片内容层次分明、美观协调。“产品性能”页设计效果如图 2–2–42 所示。

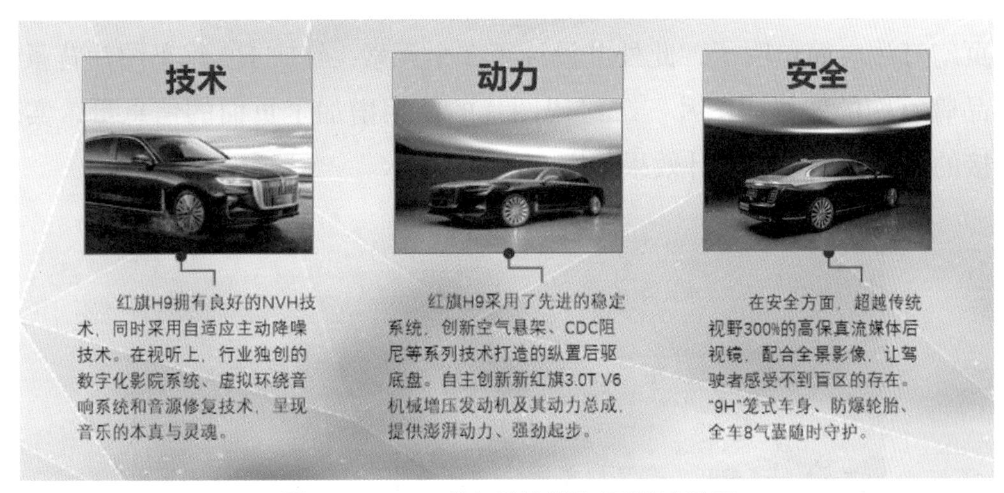

图 2–2–42 “产品性能”页设计效果

实现综合动画效果：“产品性能”幻灯片中主要包括 9 个对象，自上而下分别为 3 个图片文字组合对象、3 个连接符对象、3 个文本框对象。这 9 个对象具有以下关系：技术、动力和安全是并列关系，应同时显示；技术和连接符与对应的文本是上下级关系，应依次逐步显示；动力和安全也是如此。经过分析，此处使用动画来表达它们的关系是非常适合的。

动画描述："技术""动力"和"安全"3个对象同时显示（"进入→压缩"动画），随后，"技术"忽明忽暗强调显示（"进入→压缩"动画），之后"连接符"擦除显示（"进入→擦除"动画），然后"文字介绍"擦除显示（"进入→擦除"动画），最后"动力"和"安全"及其相关对象以同样动画显示。

动画的高级日程表效果如图2-2-43所示。

10. 制作"售后服务"页

分析素材中"售后服务"的文字，共包含5个方面的内容，选取其中较为重要的4个方面，制作成四要素版式，制作效果如图2-2-44所示，此处不再详细描述制作步骤。

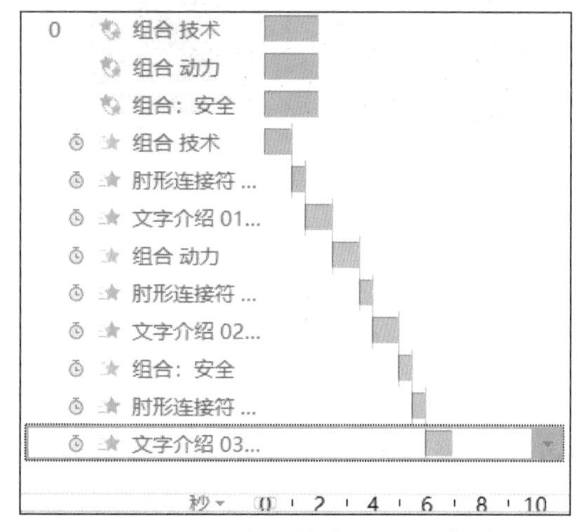

图2-2-43　动画的高级日程表效果

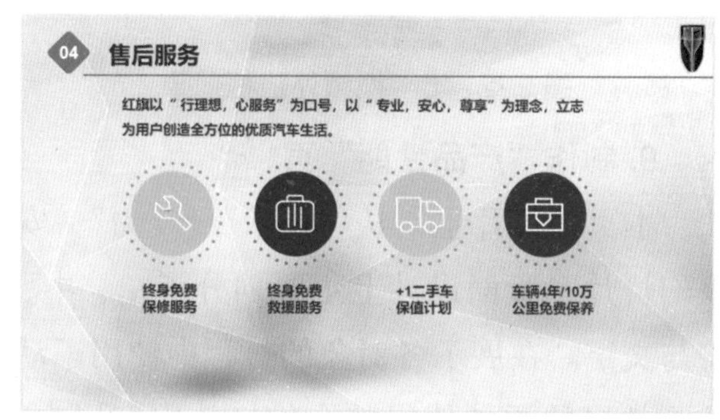

图2-2-44　"售后服务"页制作效果

11. 制作结束页

结束页幻灯片应简单明了，此处共设计了3个元素：红旗H9汽车图片背景、主题标语、红旗品牌官网的二维码图片。二维码图片的使用增加了页面的信息量，实现了线上线下相连接的作用。结束页设计效果如图2-2-45所示。

图2-2-45　结束页设计效果

12. 为整个演示文稿创建超链接和背景音乐

演示文稿制作完成后，可以为其添加超链接和背景音乐。超链接可以使整个演示文稿更加生动和有条理，可以在播放时实现页面之间自由跳转；背景音乐起着渲染气氛、烘托主题及画龙点睛的作用，此处添加了符合幻灯片主题，震撼大气、高昂浑厚的音乐作为背景音乐。

（1）创建超链接

在产品展示过程中，为使各部分幻灯片能够自由跳转以提高播放效率，在目录页设置了超链接功能。

步骤 1：将幻灯片切换到目录页。将目录页中各目录项文本组合并转换为图片，如图 2–2–46 所示。此操作为后面设置超链接做准备。

步骤 2：选中需要插入超链接的图片并右击，在弹出的快捷菜单中单击“超链接”命令，打开“插入超链接”对话框，单击“本文档中的位置”按钮，在右侧显示出当前演示文稿中所有幻灯片标题，选择一个需要超链接到的幻灯片，单击“确定”按钮即可插入超链接，如图 2–2–47 所示。

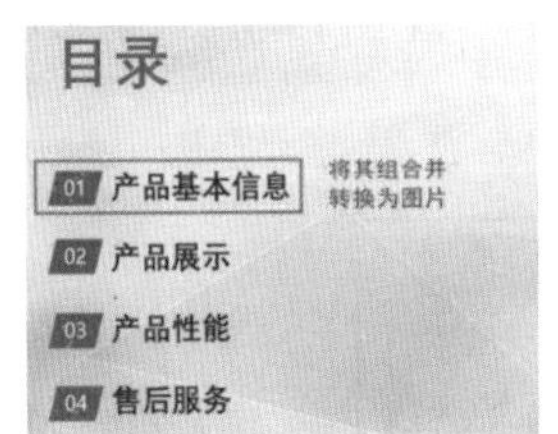

图 2–2–46 转换为图片

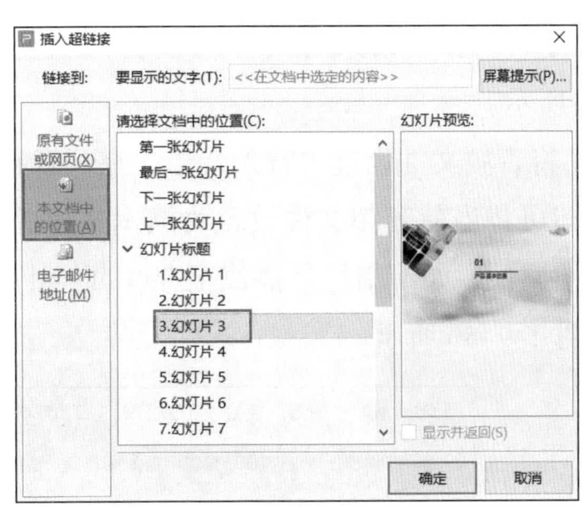

图 2–2–47 插入超链接

超链接功能除了可以实现同一演示文稿中幻灯片之间的跳转，还可以实现到其他文档或应用程序的跳转，甚至与 Internet 直接连接。

（2）设置背景音乐

背景音乐可以烘托气氛、增强情感表达，达到一种让人身临其境的感觉。因此，一个符合演示文稿主题的背景音乐会为演示文稿增色许多。小小根据本演示文稿的主题、内容和风格，选取了一个适合的音频文件作为演示文稿的背景音乐。

步骤 1：切换到第一张幻灯片。

步骤 2：插入音频文件。在“插入”选项卡中，单击“音频”按钮下拉菜单的“嵌入音频”命令，将“效果素材”文件夹中的“背景音乐 1”音频文件插入当前幻灯片中。插入音频文件后，页面发生了 3 个变化：一是当前幻灯片中多了一个🔈图标；二是“自定义动画”窗格中多了一个音频文件对象；三是功能区中自动出现“音频工具”选项卡，如图 2–2–48 所示。对声音的各项设置都是通过这 3 个选项的调节实现的。

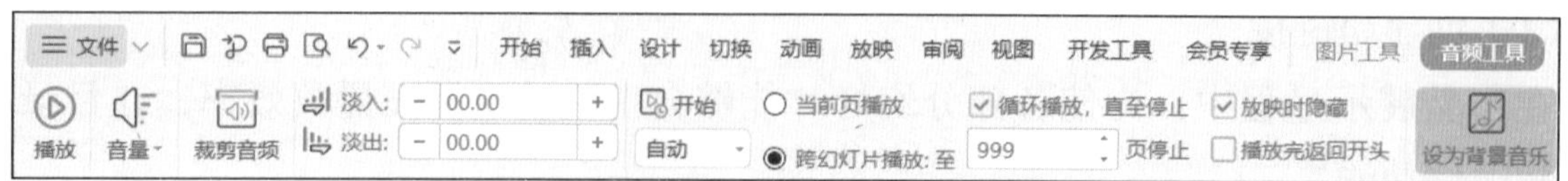

图 2–2–48　“音频工具”选项卡

步骤 3：剪裁音频。播放音频后，小小发现该音频不能满足实际播放需求，需要对音频进行剪裁。单击幻灯片中的🔈图标（选中该音频），在“音频工具”选项卡中，单击“裁剪音频”按钮，在“裁剪音频”对话框中进行“开始时间”和“结束时间”的设置，如图 2–2–49 所示。

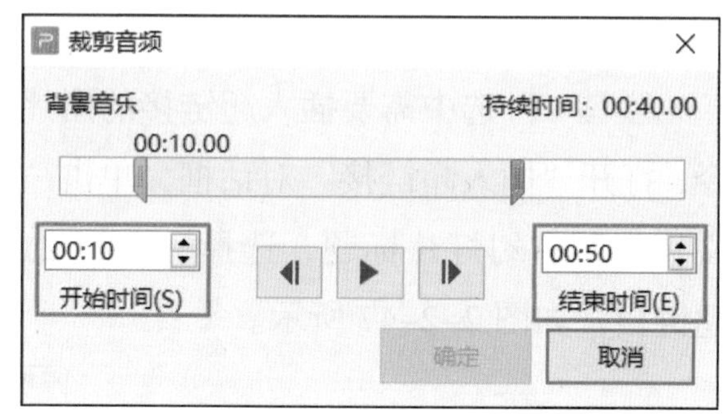

图 2–2–49　裁剪音频

步骤 4：将音频文件设置为背景音乐。在“音频工具”选项卡中，单击“设为背景音乐”按钮，即可将当前音频文件设置为演示文稿的背景音乐，这时系统会自动设置背景音乐所具有的属性，如跨幻灯片播放至 999 页停止、“循环播放，直至停止”、“放映时隐藏”等，如图 2–2–50 所示。

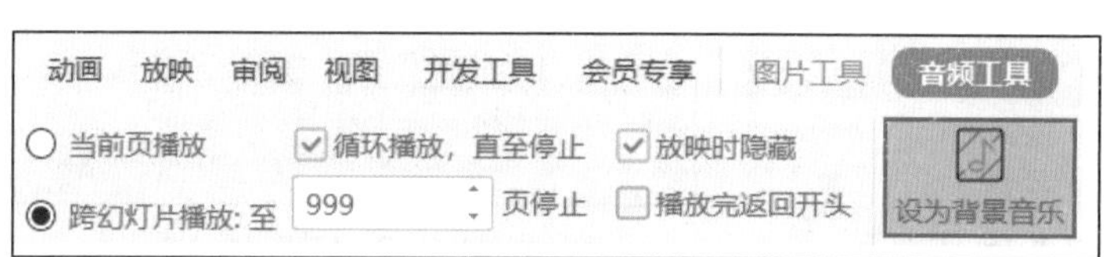

图 2–2–50　“设为背景音乐”的相关选项

整个演示文稿制作效果如图 2–2–51 所示。

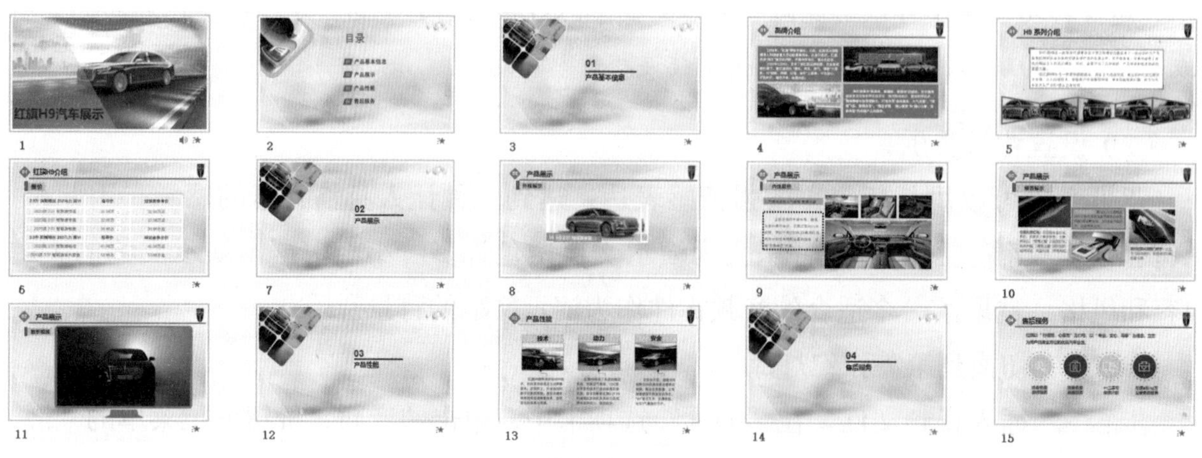

图 2–2–51　整个演示文稿制作效果

任务 4 发布演示文稿

任务描述

根据放映需求，发布演示文稿。

任务分析

要使演示文稿满足实际需要，首先分析放映需求，其次设置放映方式，最后放映演示文稿。任务路线如图 2-2-52 所示。

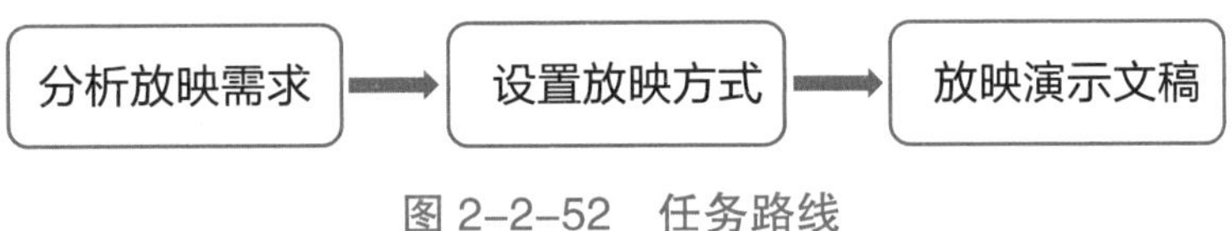

图 2-2-52 任务路线

任务准备

1. 演示文稿的放映方式

演示文稿有两种放映方式：演讲者放映、展台自动循环放映。演讲者放映适合在演讲或讲解的场合下放映，不需要观众了解所有演示文稿的框架结构，节奏由演讲人把控；展台自动循环放映不需要演讲者操作，提前设置排练计时，演示文稿按照设定好的时间自动放映，直到按下 Esc 键才会停止。

2. 将演示文稿发布为视频

将演示文稿的放映过程（画面 + 讲解）发布为视频，可使展示内容更便捷地传播。首先为每页幻灯片录制讲解音频，然后再将演示文稿另存为视频文件。

任务实施

1. 分析放映需求

本次红旗 H9 展示是在展销会现场，自动循环播放展示视频，无须讲解员现场讲解。

2. 设置放映方式

在“放映”选项卡中，单击“排练计时”下拉按钮，在列表中单击“排练全部”命令，进入排练计时，模拟演示文稿放映过程，记录每张幻灯片所需的时间，保存排练计时的时间。然后执行“设置放映方式”命令，在“设置放映方式”对话框中选中“展台自动循环放映”单选按钮，如图 2-2-53 所示。

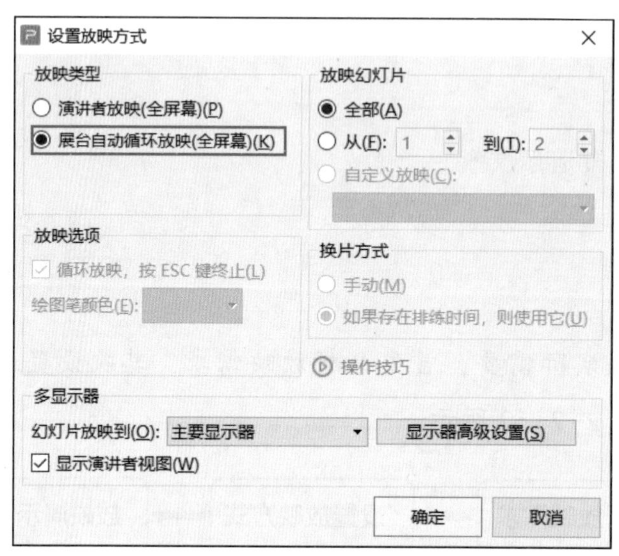

图 2-2-53　设置放映方式

3. 放映演示文稿

在展销会现场，首先连接计算机和显示屏；然后在“放映”选项卡中，单击“从头开始”按钮即可。

项目分享

方案 1：各工作团队展示交流项目，谈谈自己的心得体会，并选派代表分享交流。

方案 2：由学生代表与指导教师组成项目评审组，各工作团队制作汇报材料并进行答辩。

项目评价

请根据项目完成情况填涂表 2-2-4。

表 2-2-4　项目评价表

类　别	内　容	评　分
项目质量	1. 各个任务的评价汇总 2. 项目完成质量	☆☆☆
团队协作	1. 团队分工、协作机制及合作效果 2. 协作创新情况	☆☆☆
职业规范	1. 项目管理、实施环境规范 2. 项目实施过程、相关文档的规范	☆☆☆
建议		

注：“★☆☆”表示一般，“★★☆”表示良好，“★★★”表示优秀。

项目总结

本项目依据行动导向理念，将行业中工作汇报、交流演示文稿制作中的典型工作任务——制作红旗 H9 汽车展示文稿，转化为项目学习内容，注重学生规范制作精美演示文稿能力和搜集素材能力的培养，学习内容即工作任务，通过工作实现学习。本项目共分为 4 个任务，在“编写展示文稿制作纲要”任务中介绍了如何分析客户需求、设计展示文稿制作纲要，作为引导文指导完成演示文稿制作；在“选取与加工素材”任务中介绍了搜集和处理素材的方法；在“制作演示文稿”中介绍了如何制作规范、美观、动感的多媒体演示文稿；在“发布演示文稿”中介绍了如何存储并发布不同场景的演示文稿。在整个项目实施过程中，培养学生严谨、仔细的敬业精神和赏美、践美的修养，制作符合客户要求的作品。

制作旅游线路介绍文稿

1. 项目背景

某旅游公司开辟贵州旅游的新线路，为了能够使客户更加直观、方便、快捷地了解项目，计划制作线路介绍演示文稿。

2. 预期目标

1）项目说明文稿制作要求如下。

①多用图片和视频，便于理解；

②时长 8~10 分钟。

2）说明文稿部分参考效果图如下。

注：说明文稿部分效果图仅作参考，请自主设计制作。

3. 项目资讯

1）制作演示文稿的流程是____

____

____

2）产品展示类演示文稿有什么特点？

____

____

____

4. 项目计划

绘制项目计划思维导图。

5. 项目实施

任务 1：编写制作纲要

分析客户对旅行线路所关注的因素，编写介绍文稿的制作纲要，并填写制作纲要分析表。

实际需求		演示文稿
放映需求	用途：	总体风格：
	场合：	
	受众：	色调：
	屏幕：	尺寸大小：
产品信息	客户关注因素：	展示内容：

任务 2：采选、加工素材

根据制作纲要，分析素材的内容和类型，通过各种途径采集素材，并进行必要的加工处理，填写素材分析与采集记录表。

制作纲要		目的	具体内容	素材类型	素材文件
展示内容	各项展示内容				
总体风格	提升展示效果				

任务 3：制作演示文稿

依托采集的素材，制作演示文稿。

任务 4：发布演示文稿

根据项目需求，发布演示文稿。

6. 项目总结

（1）过程记录

记录项目实施过程中的各种情况，为工作总结提供依据，如表格不够，可自行加页。

序　号	内　容	思考及解决方法
1		
2		
3		

（2）工作总结

从整体工作情况、工作内容、反思与改进等几个方面进行总结。

7. 项目评价

内　容	要　求	评　分	教师评语
项目资讯（10分）	回答清晰准确，紧扣主题，没有明显错误		
项目计划（10分）	计划清楚，图表美观，能根据实际情况进行修改		
项目实施（60分）	实施过程安全规范，能根据项目计划完成项目		
项目总结（10分）	过程记录清晰，工作总结描述清楚		
态度素养（10分）	按时出勤、积极主动、清洁清扫、安全规范		
合计	依据评分项要求评分合计		

专题3 数据报表编制

如今已是数字经济时代，数据与人们的生活息息相关。如何获取数据并从数据中提取出对生活、工作、经济有用的信息，指导我们做出合理的决策，将成为信息时代的重要技能。

图像和图表已被证明是一种进行新信息传达与教学的有效方法。有研究表明，80% 的人记得他们所看到的，但只有 20% 的人记得他们阅读的。技术的发展进步要求我们对数据进行可视化编辑和处理，从而帮助人们更快地理解数据。在一个图表中突出显示一个大的数据量，人们可以快速地发现关键点；而通过文字叙述形式，人们可能需要数小时来分析所有的数据及联系。

本专题设置 3 个实践项目：制作调查分析报表、制作信息分析报表和制作大数据分析报表。在教学实施时，可根据不同专业方向选择具体的教学项目。3 个项目的内容要求简要描述如下：

1.制作调查分析报表：学会使用多种调查方法，并对调查数据进行格式化处理；通过调查数据结合现实目标，让学生初步形成通过数据分析的结果引导日常行为。

2.制作信息分析报表：掌握基本数据分析工具（WPS 表格，Excel 等）；了解多种数据可视化工具的使用，围绕相关目标，运用不同的工具对数据进行可视化呈现，并分析数据。

3.制作综合型分析报表：综合多种数据可视化工具，针对已有静态、动态数据，围绕工作目标设计分析方法和分析流程，让分散的数据按一定的逻辑形成相关图表，成为趋势分析、工作决策、行动目标的关键依据。

项目 1 制作调查分析报表

项目背景

小青入读于某中职学校，学校团委通过校企合作引入了一家绿色食品公司，希望通过合作调查青少年学生对绿色食品的了解，同时引导青少年学生养成健康的生活和饮食习惯。

小青所在的学生会部门接受了企业前期的市场调查任务，并成立了项目组。了解项目情况后，小青觉得这是一个难得的锻炼机会，同时，自己在学校学习了数据分析等知识，这次正好可以实践一下，于是向项目组提出申请，参与到这个项目中。

项目分析

项目组对公司调查的目的、需求进行初步分析，拟订了项目计划，首先根据需求对数据进行设计并选择合适的数据采集方式；然后使用不同方式采集、加工数据；最后将加工数据形成可视化报表。项目结构如图 3-1-1 所示。

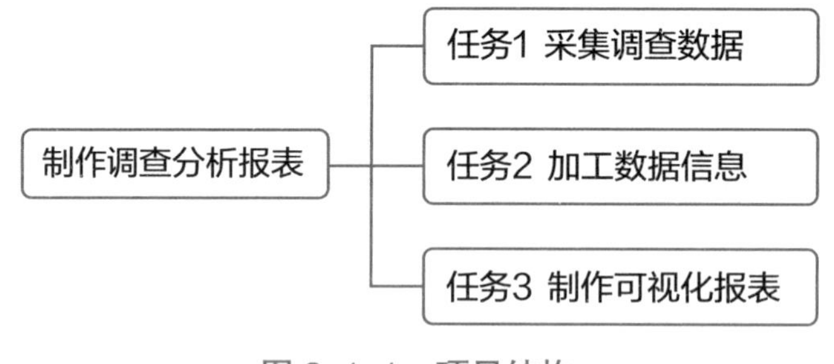

图 3-1-1 项目结构

学习目标

- 会应用不同方式采集和加工数据。
- 能用加工数据形成可视化报表的方法制作报表。

任务1 采集调查数据

任务描述

学校与多家企业有校企合作项目，将于近日在学校开展校企合作洽谈与调研，小青所在的学生会部门协助学校承办该活动，前期将对合作企业的相关信息进行数据采集，编制就餐安排表和嘉宾联系表。

任务分析

首先确定调查的目标、范围及需要获得的数据；然后对比现有数据获取方式的优劣，选择最为合适的数据采集方式并开展数据采集；最后梳理数据，制作嘉宾就餐表、联系表。任务路线如图3-1-2所示。

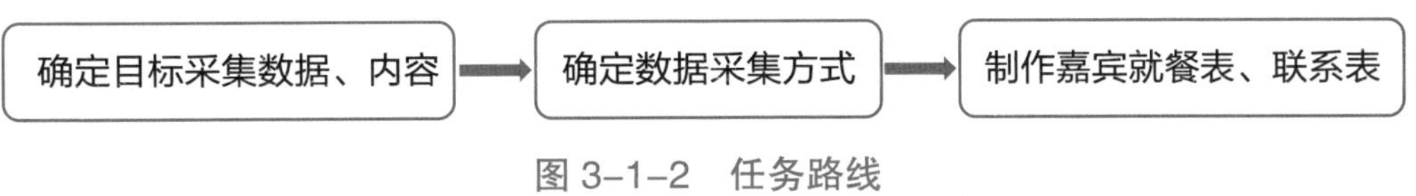

图3-1-2　任务路线

任务实施

1. 明确数据采集目标范围、内容

小青和项目组成员讨论分析形成数据采集目标，内容为：到会人员的姓名、性别、单位、职务、联系方式（含办公电话）等信息。

2. 确定数据采集方式

采集准确有效的目标数据，是数据分析的前提。获取数据的方式很多，需要合理分析并选择最适合的方式。常见的数据采集方式有以下几种。

①专业机构购买数据。有公司或平台是专门做数据收集和分析的，可以从该机构或平台购买所需数据，如数据堂等。

②网络爬取数据。连接需要访问的网站，通过网络爬虫代码，获取相应的数据。

③免费开源数据。网络上有一些免费数据，如政府机构、非营利组织和企业免费发布的数据、互联网数据等。

④企业内部数据。企业内部会产生很多数据，通常包含销售数据、考勤数据、财务数据等。

⑤问卷调查。问卷调查也是一种数据来源的途径，用来收集指定用户填写的反馈数据，分为纸质问卷调查和互联网问卷调查两种方式。

纸质问卷调查是传统的问卷调查，调查公司通过雇佣工人来分发这些纸质问卷，以及回收答卷。这种形式的问卷分析与统计结果比较麻烦，成本比较高。

互联网问卷调查是用户依靠一些在线调查问卷网站提供设计问卷、发放问卷、分析结果等一系列服务。这种形式的问卷无地域限制，成本低。

网络上的腾讯问卷、问卷网、问卷星提供了互联网问卷调查方式。图 3–1–3 所示为常见网络问卷调查公司标志。

图 3–1–3　常见网络调查公司标志

项目小组通过分析多种数据获取方式确定用问卷形式获取数据，同时比较纸质问卷与互联网问卷的利弊，并通过表 3–1–1 进行对比，确定以网络问卷调查为数据采集手段。

表 3–1–1　问卷调查方式的比较

比较项目	纸质问卷调查	互联网问卷调查
调查范围	窄	广
影响回答的因素	较难了解、控制和判断	有一定了解、控制和判断
回复率	较高	较高
答卷质量	较高	较高
投入人力	多	少
调查费用	高	低
采集时间	长	短

3. 使用问卷星采集数据

登录问卷星官方网站，可使用 QQ 账号等方式登录，其登录界面如图 3-1-4 所示。

图 3-1-4 问卷星登录界面

问卷星采集数据参考步骤如下：

步骤 1：创建问卷。单击问卷星登录后，在首页左下角单击“创建问卷”按钮创建空白问卷，如图 3-1-5 所示。

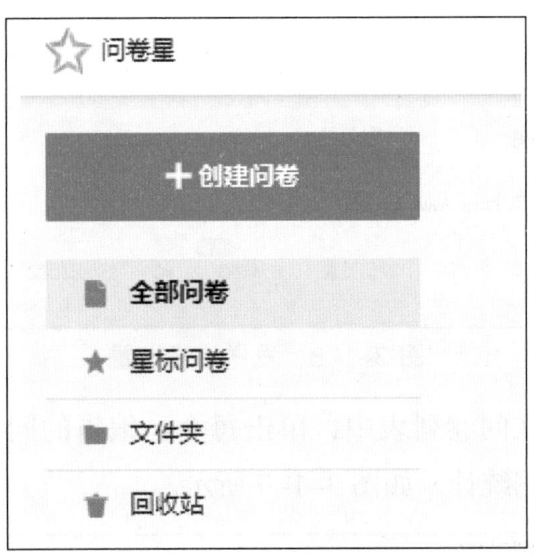

图 3-1-5 创建问卷

步骤 2：编辑问卷。创建空白问卷后，自动跳转到“编辑”功能，用于添加问卷题目，如图 3-1-6 所示。

步骤 3：发送问卷。在问卷列表中，单击编辑好的问卷下方“发送问卷”按钮跳转至发送页面，如图 3-1-7 所示。在弹出的发送页面中单击“下载二维码”按钮，将生成的二维码发送到 QQ 或微信群，或者复制问卷网址进行分享，如图 3-1-8 所示。

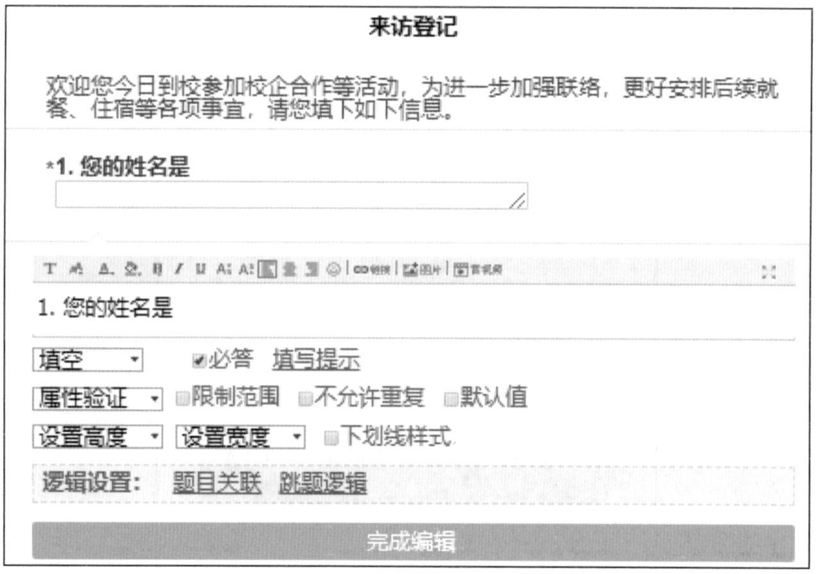

来访登记
欢迎您今日到校参加校企合作等活动，为进一步加强联络，更好安排后续就餐、住宿等各项事宜，请您填下如下信息。
*1. 您的姓名是
1. 您的姓名是
填空
必答
填写提示
属性验证
限制范围
不允许重复
默认值
设置高度
设置宽度
下划线样式
逻辑设置：
题目关联
跳题逻辑
完成编辑

图 3–1–6　编辑问卷

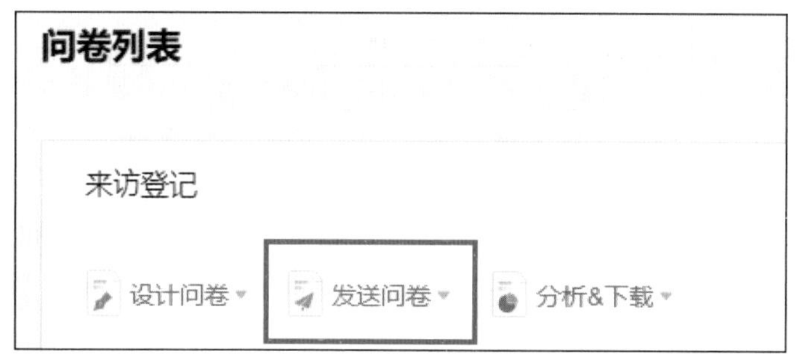

问卷列表
来访登记
设计问卷
发送问卷
分析&下载

图 3–1–7　发送问卷

问卷链接与二维码
https://www.wjx.cn/
复制
打开
制作海报
微信发送
new
在线访谈
问卷设置
设置企业专属链接

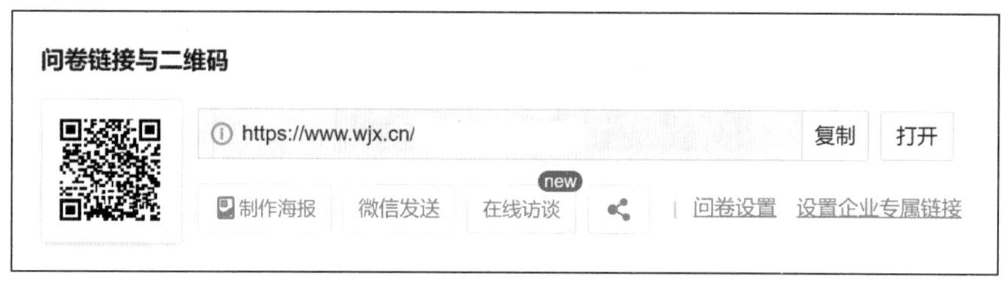

图 3–1–8　发送问卷设置

步骤 4：统计分析。在问卷列表中，单击每个已编辑的问卷下方“分析 & 下载”按钮回收数据，做出相关数据统计，如图 3–1–9 所示。

问卷列表
来访登记
设计问卷
发送问卷
分析&下载

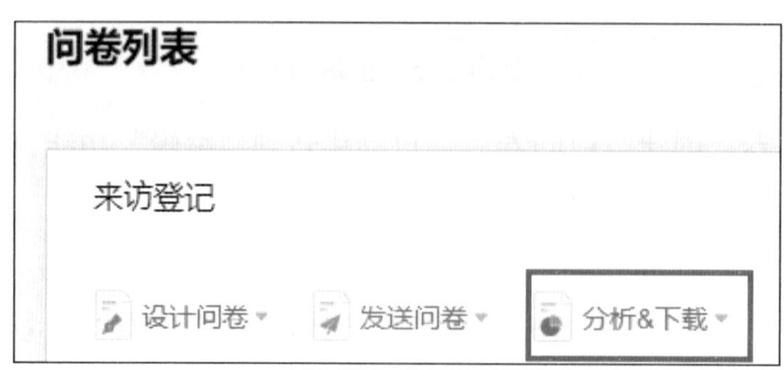

图 3–1–9　统计分析

步骤 5：统计数据查看。单击“统计 & 分析”按钮，在弹出的页面中可查看生成分类统计等各项数据，如图 3-1-10 所示。

图 3-1-10　统计数据查看

步骤 6：问卷列表分析下载后，在弹出的页面中单击“下载答卷数据”下拉按钮，在弹出的列表中单击“按选项序号下载”或“按选项文本下载”命令，即可下载答卷数据，如图 3-1-11 所示。

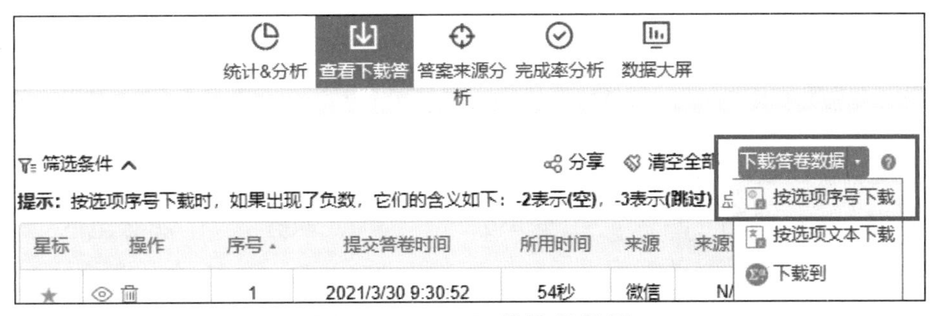

图 3-1-11　下载答卷数据

步骤 7：单击“按选项序号下载”命令后，导出如表 3-1-2 所示的答卷数据。

表 3-1-2　导出答卷数据

1. 您的姓名是?	2. 您的性别是?	3. 您的单位是?	4. 您的联系方式是?
梁小小	男	成都广茂绿色食品有限公司	137****5782
李白	女	成都广茂绿色食品有限公司	137****5293
张天	男	成都广茂绿色食品有限公司	136****5884
赵云	女	广州白云绿色食品有限公司	134****5756

我们已经通过问卷星采集企业来访人员信息的相关数据并导出，请对数据进行分析、汇总，尝试对嘉宾进行就餐座位表编排，按表 3-1-3 和表 3-1-4 所示体现就餐座位表和嘉宾联系表。

表 3-1-3　就餐座位表

校企合作就餐座位表		
桌号	姓名	单位
1		

表 3-1-4　嘉宾联系表

校企合作嘉宾联系表						
序号	姓名	性别	工作单位	职务	办公电话	手机

任务2 加工数据信息

任务描述

小青在校企合作绿色食品公司中参与相关工作，公司希望通过合作调查学生对绿色食品的认识。小青所在的学生会部门加入了该项目组并负责前期的数据采集与加工任务。

任务分析

项目组通过沟通研讨细化所需数据，并形成书面问卷，使用腾讯问卷生成以选择题为主的网络调查问卷，向学校等青少年较多的机构投放。当达到采集数据量后，回收问卷、生成数据，然后对数据进行筛选、汇总。任务路线如图3-1-12所示。

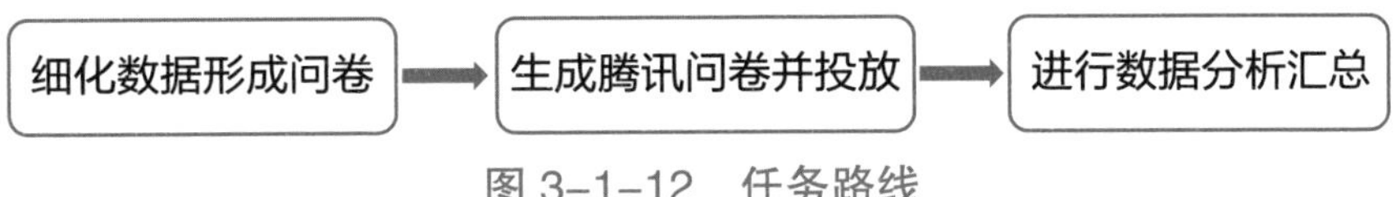

图3-1-12 任务路线

任务实施

1. 明确数据采集目标范围、内容

项目组通过对年龄阶段为15~22岁的男、女青少年的讨论分析形成以下数据需求。

①不同年龄、不同性别的青少年对绿色食品的了解、喜欢程度。

②是否购买过绿色食品？

③购买食品时是否注意观察包装上的认证标志？

④是否认识绿色食品的标志？

⑤比较喜欢购买绿色食品还是比较喜欢普通食品？

⑥最喜欢哪种类型的绿色食品？

⑦绿色食品与普通食品有什么不同？

⑧购买绿色食品时考虑的因素有哪些？

⑨能接受绿色食品的价格范围是多少？

⑩对绿色食品的了解通常来自哪些渠道？

⑪对绿色食品的选择最看重什么？

⑫在购物时没有特意选择绿色食品的最主要原因是什么？

⑬对现有绿色食品质量安全是否放心？

⑭认为最有效提高绿色消费意识的方法是什么？

2. 细化所需数据形成问卷

细化所需数据形成以下问卷。

青少年绿色食品消费调查问卷

1. 您的性别是（　　）。

A. 男　　B. 女

2. 您的年龄是（　　）。

A. 15 岁以下　　B. 15~18 岁　　C. 19~23 岁

3. 您对绿色食品了解吗？（　　）

A. 不了解　　B. 了解一点　　C. 很了解

4. 您有购买过绿色食品吗？（　　）

A. 经常买　　B. 偶尔　　C. 很少　　D. 没有

5. 您买食品时有注意观察包装上的认证标志吗？（　　）

A. 有　　B. 没有

6. 您认识绿色食品的标志吗？（　　）

A. 认识　　B. 不认识

7. 您比较喜欢购买绿色食品还是普通食品？（　　）

A. 绿色食品　　B. 普通食品　　C. 都喜欢　　D. 没留意

8. 您最喜欢哪类绿色食品？（　　）（可多选）

A. 点心、饼干类　　B. 果脯类　　C. 坚果类　　D. 粮食及制品

E. 茶、酒　　F. 水产品类　　G. 乳、肉、蛋及其制品　　H. 其他

9. 您认为绿色食品与普通食品有什么不同？（　　）（可多选）

A. 味道口感　　B. 价格　　C. 营养价值　　D. 包装　　E. 其他

10. 您对绿色食品能接受的价格范围是（　　）。

A. 5 元以下　　B. 5~15 元　　C. 15~30 元　　D. 30 元以上

11. 您通过哪些途径了解到绿色食品？（　　）（可多选）

A. 报纸　　B. 电视　　C. 广告　　D. 网络　　E. 其他

12. 您在绿色食品的选择中最看重（　　）（可多选）

A. 营养价值　　B. 口味　　C. 香味　　D. 色泽

E. 品牌　　F. 功能　　G. 其他

13. 在购物时没选择绿色食品的最主要原因是（　　）。

A. 对绿色产品不太了解　　B. 认为绿色产品不可靠

C. 认为没有必要　　D. 价格高

14. 您对现有绿色食品质量是否放心？（　　）

A. 完全放心　　B. 基本放心　　C. 不放心

15. 您认为最有效提高绿色消费意识的方法是（　　）。（可多选）

A. 加强宣传　　B. 加强绿色消费知识的教育

C. 消费知识的教育　　D. 调整市场产品结构

E. 建立健全相关的政策法规　　F. 提高企业绿色生产意识

G. 提高社会成员绿色消费观

16. 以下哪个是绿色食品标志？（　　）

A. 

B. 

C. 

3. 使用腾讯问卷采集数据

登录腾讯问卷官方网站，进入登录页面，单击右下角“登录”按钮，如图 3–1–13 所示。

图 3–1–13　腾讯问卷登录

腾讯问卷采集数据参考步骤如下：

步骤 1：创建问卷。单击“新建 +”按钮，有“新建问卷”“通过模版创建”“通过 Excel 导入”3 种创建问卷的方式，单击“新建问卷”按钮，选择“创建空白问卷”选项，如图 3–1–14 所示。

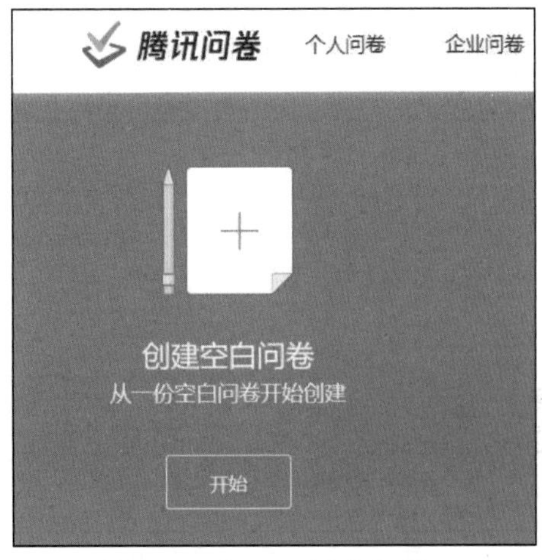

图 3–1–14　创建问卷

步骤 2：编辑问卷。创建空白问卷后，自动跳转到“编辑”功能，用于添加问卷题目，如图 3–1–15 所示。

图 3–1–15 编辑问卷

步骤 3：展开高级设置，如图 3–1–16 所示。按键中有题目的其他设置，可按照需要修改。可多选的“最多可选”设置，可以限制最多选几项，最后单击“确定”按钮，生成题目。

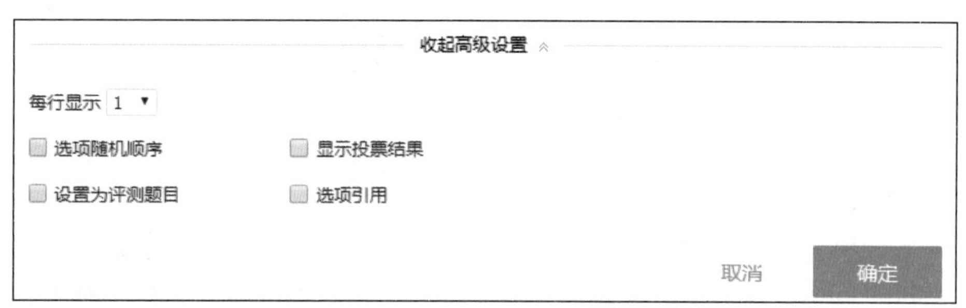

图 3–1–16 高级设置

步骤 4：投放问卷。在“投放”功能中，可以单击“复制”问卷链接按钮，直接向他人或群组分享问卷；或者单击“下载二维码”按钮，将生成的二维码分享到 QQ 或微信群等社交网络平台，如图 3–1–17 所示。

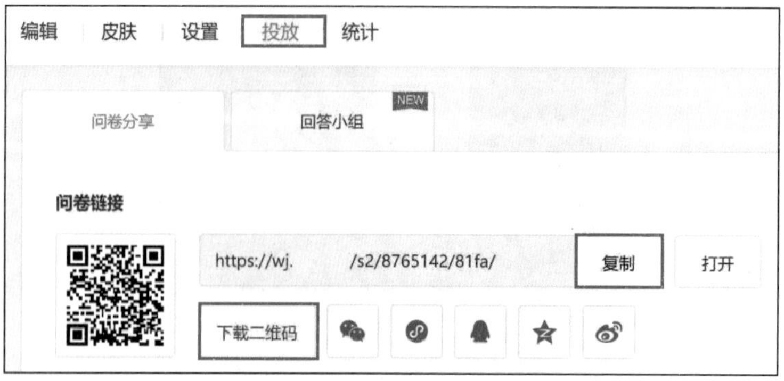

图 3–1–17 投放问卷

步骤 5：问卷的回收。设置完成后，单击问卷左下角的“问卷回收”按钮，用户填写问卷后，数据自动被记录，如图 3-1-18 所示。

图 3-1-18　问卷回收

步骤 6：分析问卷。“统计”功能可以查看回收后的数据，并做简单的数据统计。单击“回收概况”模块，可以显示并导出已回收的数据，如图 3-1-19 所示。

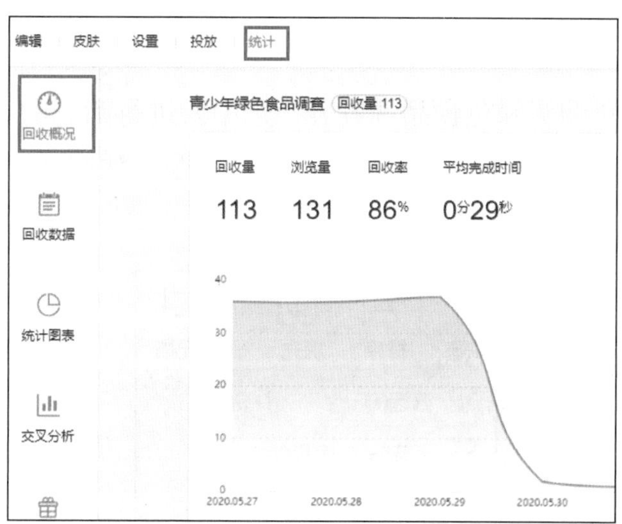

图 3-1-19　回收概况

4. 使用自动筛选数据进行分析汇总

使用 WPS Office 中的 WPS 表格中的自动筛选数据功能进行分析汇总参考步骤如下：

步骤 1：通过问卷采集到的数据，如图 3-1-20 所示，再使用排序功能生成表 3-1-5。

青少年购买绿色食品调查					
序号	姓名	年龄	性别	是否了解绿色食品	是否购买过绿色食品
1	贝扬	15 岁以下	男	了解	否
2	陈生	15~18 岁	女	不了解	否
3	邓林	19~22 岁	男	了解	是
4	丁小峰	15 岁以下	女	不了解	否
17	李军	15~18 岁	男	了解	是
18	李云云	19~22 岁	男	了解	否
19	李乐乐	15 岁以下	男	了解	是
20	李天	16 岁以下	男	了解	是

图 3-1-20　采集数据明细

表 3-1-5　调查结果排序

姓名	年龄	性别	是否了解绿色食品	是否购买过绿色食品
邓林	19~22 岁	男	了解	是
何佳佳	15 岁以下	男	了解	是
何晋贤	19~22 岁	男	了解	是
黄志军	15 岁以下	男	了解	是
黎俊杰	19~22 岁	男	了解	是
李乐乐	15 岁以下	男	了解	是
贝 扬	15 岁以下	男	了解	否
陈小天	15~18 岁	女	不了解	否
…	…	…	…	…

步骤 2：打开青少年购买绿色食品调查表，选中要进行筛选的数据区域。单击开始菜单中的“筛选”按钮，在下拉菜单中选择“筛选”命令，如图 3-1-21 所示。每列标题右下角将出现一个可选的三角框，如图 3-1-22 所示。

图 3-1-21　筛选菜单

青少年购买绿色食品调查					
序号	姓名	年龄	性别	是否了解绿色食品	是否购买过绿色食品

图 3-1-22　筛选三角框

步骤 3：单击标题行▼，弹出筛选对话框。该对话框中列出了所有可选择的列值，如单击“年龄”筛选三角按钮▼，在弹出的“内容筛选”对话框中选择“15 岁以下”复选框；单击“性别”筛选三角按钮▼，在弹出的“内容筛选”对话框中选择“男”复选框；单击“是否了解绿色食品”筛选三角按钮▼，在弹出的“内容筛选”对话框中选择“了解”复选框，如图 3-1-23 所示。单击“确定”按钮得到如图 3-1-24 所示的数据。

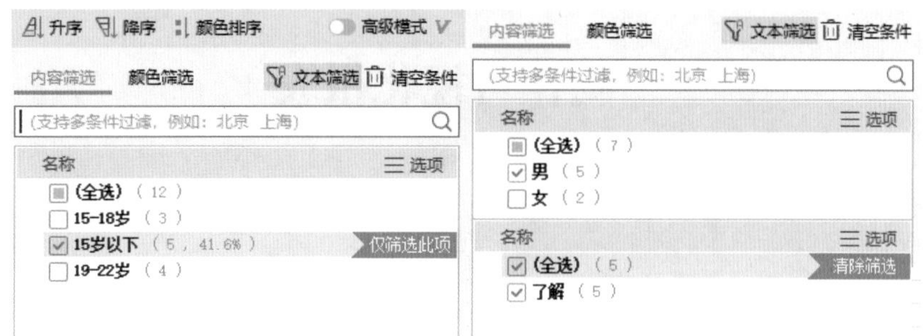

图 3-1-23　内容筛选设置

青少年购买绿色食品调查			
姓名	年龄	性别	是否了解绿色食品
贝　扬	15岁以下	男	了解
何佳佳	15岁以下	男	了解
黄军	15岁以下	男	了解
黎天天	15岁以下	男	了解
李乐乐	15岁以下	男	了解

图 3-1-24　筛选结果

步骤 4：通过以上筛选，我们能统计出年龄在 15 岁以下的男性青少年了解绿色食品的人数。同理，可筛选出年龄在 15 岁以下的女性青少年了解绿色食品的人数，或者其他年龄段的筛选数据。筛选的人数与总人数相除，就能得到不同性别、不同年龄的青少年购买绿色食品的人数占比，如表 3-1-6 所示。

表 3-1-6　青少年购买绿色食品汇总

性别	年龄	了解绿色食品人数占比	买过绿色食品人数占比
男	15 岁以下	20%	29%
	15~18 岁	36%	36%
	19~22 岁	40%	45%
女	15 岁以下	23%	25%
	15~18 岁	35%	31%
	19~22 岁	42%	47%

学校酒店管理专业学生在酒店实习，所在的部门需要对酒店数据进行汇总分析，包含去年与今年前 3 个季度的客户入住率、平均房价、提前预订天数、平均消费金额等数据，假如您是该专业学生，请对数据进行采集及汇总，形成初步的汇总数据表。

制作可视化报表

任务描述

小青所在项目小组已采集并加工青少年对绿色食品认识的相关数据，但传统的数据报表复杂，数据不直观，难以把握重点信息。为了让数据直观，让阅览者更快了解数据信息、读取图表重点内容，项目小组人员决定对图表数据进行可视化处理。

任务分析

根据汇总的数据，项目小组计划从以下 3 个方面进行可视化处理。

①将“青少年购买绿色食品调查表”通过添加组合簇状图等方式形成可视化图表，不同数据系列分别以不同形状呈现。

②将青少年关于绿色食品标志调查通过添加组合图、折线图、带图像等方式，形成可视化图表，图表分别以男、女头像显示不同数据。

③为“青少年购买绿色食品调查表”添加控件、折线图形成动态可视化图表，单选“男”“女”时动态显示相应图表。

1. 青少年购买绿色食品调查表可视化

青少年购买绿色食品调查表如表 3-1-7 所示。

表 3-1-7　青少年购买绿色食品调查表

性别	年龄	了解绿色食品人数占比	买过绿色食品人数占比
男	15 岁以下	20%	29%
	15~18 岁	36%	36%
	19~22 岁	40%	45%
女	15 岁以下	23%	25%
	15~18 岁	35%	31%
	19~22 岁	42%	47%

调查表可视化的参考步骤如下：

步骤 1：选中表 3–1–7 中框选区域数据，并插入图表中的簇状柱形图，形成如图 3–1–25 所示效果。

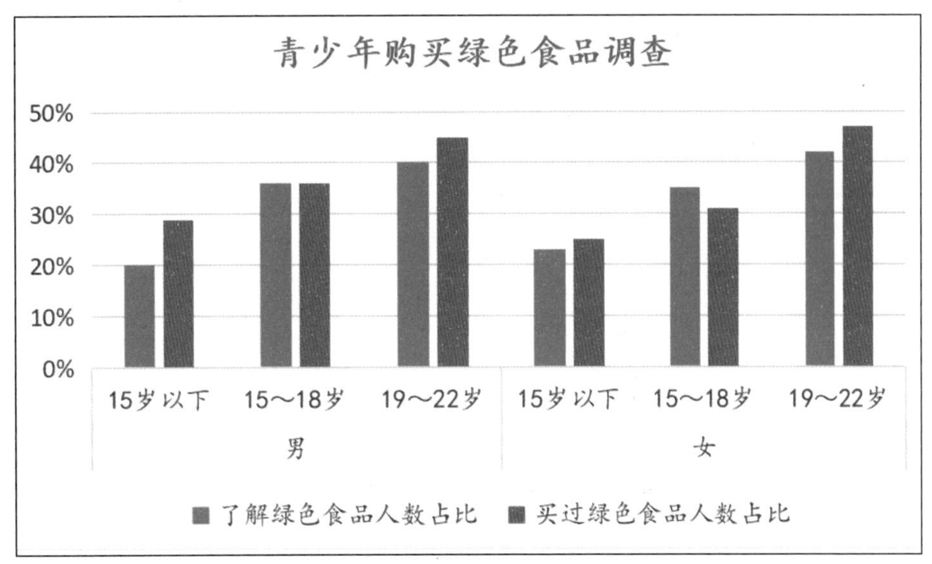

图 3–1–25　青少年购买绿色食品调查簇状图

步骤 2：单击“图表工具”选项卡，执行“更改类型”→“组合图”命令，在弹出的对话框中将“买过绿色食品人数占比”改成“折线图”，如图 3–1–26 和图 3–1–27 所示。

图 3–1–26　更改类型

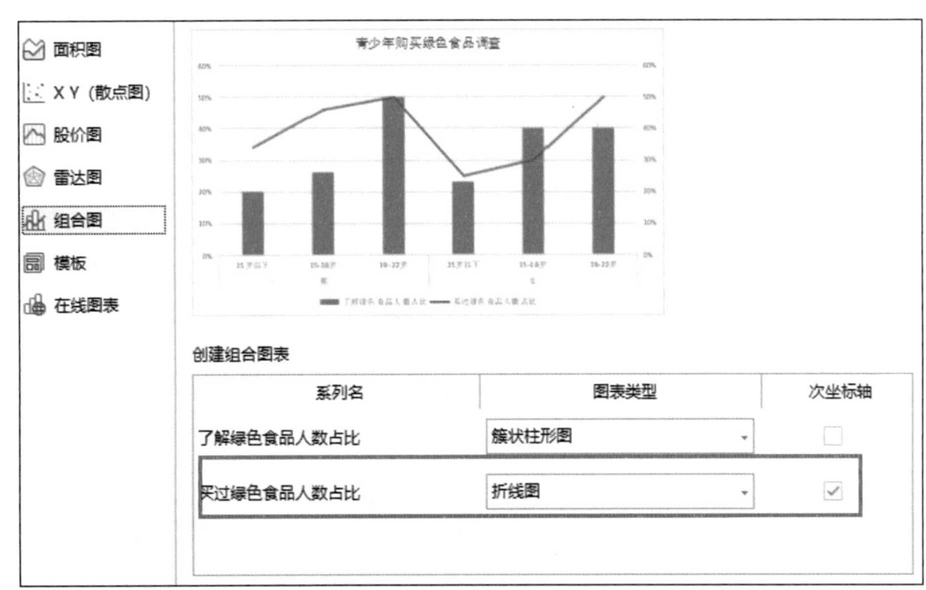

图 3–1–27　设置组合图

步骤 3：选中“买过绿色食品人数占比”系列，在弹出的“属性”对话框中选择“数据标记选项”，选中“内置”单选按钮，并设置“类型”为“圆形”，“大小”为“21”等，如图 3–1–28 所示。

步骤 4：选中“买过绿色食品人数占比”系列，在弹出的属性对话框中选择“线条”选项，选中“无线条”单选按钮，如图 3–1–29 所示，实现如图 3–1–30 所示的组合图效果。

图 3–1–28　系列标记设置

图 3–1–29　系列线条设置

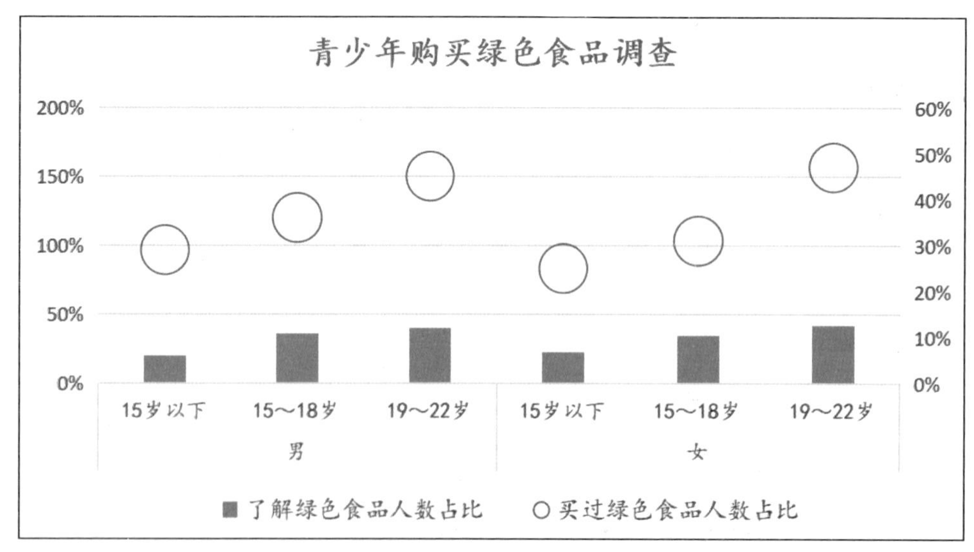

图 3–1–30　青少年购买绿色食品调查组合图效果

步骤 5：添加系列发光、数据标签、坐标轴等其他设置，实现如图 3–1–31 所示的可视化图表效果。

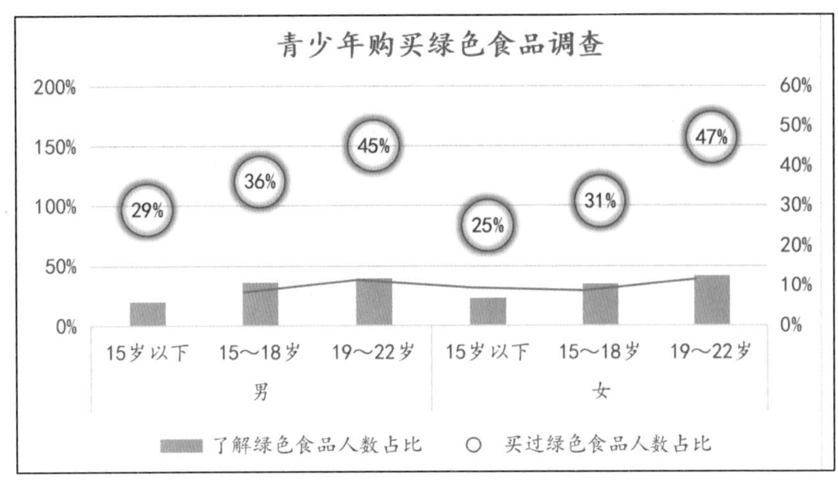

图 3-1-31 青少年购买绿色食品可视化图表效果

2. 青少年关于绿色食品标志调查表可视化

青少年关于绿色食品标志调查表如表 3-1-8 所示。

表 3-1-8 青少年关于绿色食品标志调查表

性别	年龄	认识绿色食品标志占比	观察包装认证标志占比
男	15 岁以下	20%	34%
	15~18 岁	26%	46%
	19~22 岁	50%	50%
女	15 岁以下	23%	25%
	15~18 岁	40%	30%
	19~22 岁	40%	50%

调查表可视化的参考步骤如下：

步骤 1：将表 3-1-8 初步可视化，生成组合图，如图 3-1-32 所示。

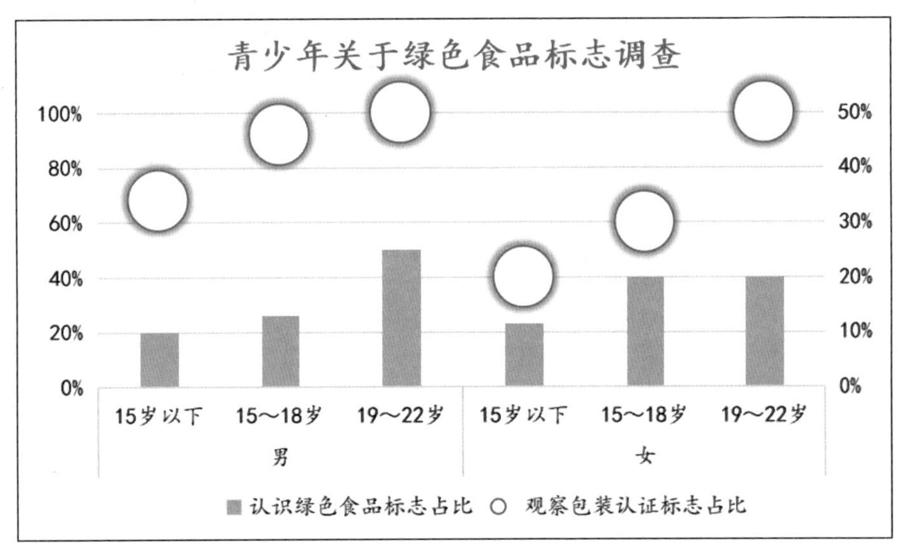

图 3-1-32 青少年关于绿色食品标志调查组合图

步骤 2：选中“观察包装认证标志占比”系列，在“系列选项”菜单中选择“填充与线条”命令，在“填充”选项中选中“图片或纹理填充”单选按钮，分别选择“男”“女”图片，填充设置如图 3-1-33 所示，实现如图 3-1-34 所示的可视化效果。

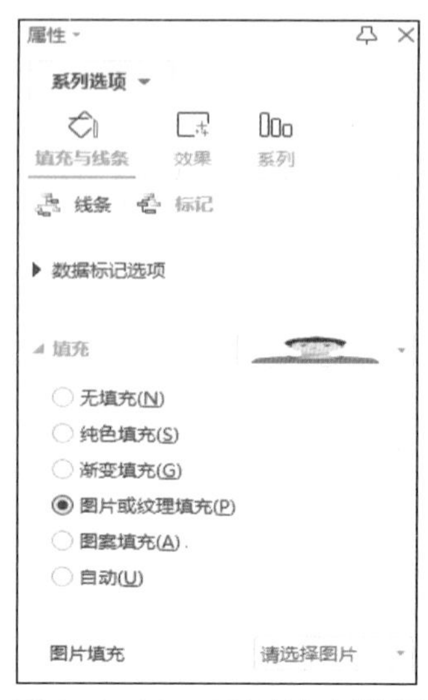

图 3-1-33 系列填充设置

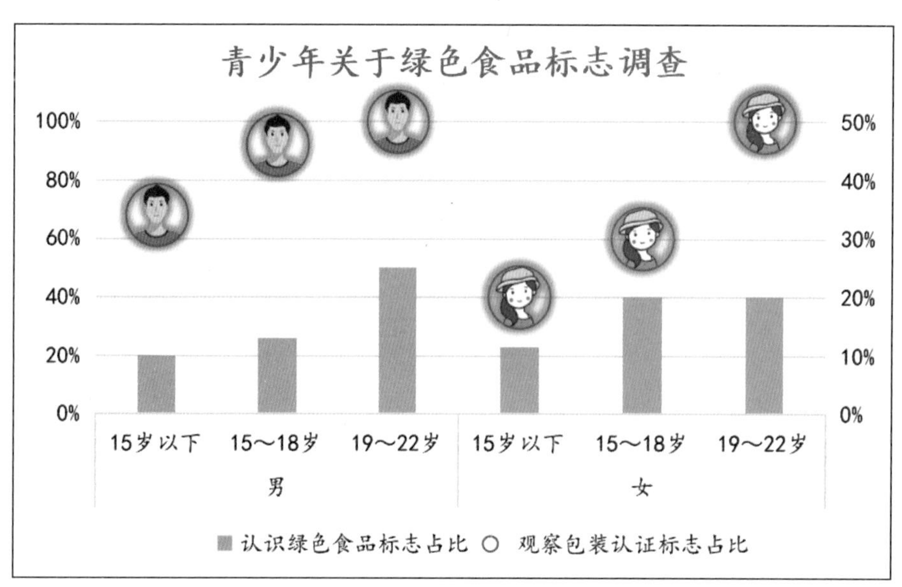

图 3-1-34 青少年关于绿色食品标志调查表（可视化）

3. 青少年男女购买绿色食品调查表可视化

青少年男女购买绿色食品调查表如表 3-1-9 所示。

表 3-1-9 青少年男女购买绿色食品调查表

性别	年龄	点心、饼干类	果脯类	坚果类	茶、酒
男	15 岁以下	40%	24%	34%	30%
	15~18 岁	51%	36%	56%	38%
	19~22 岁	55%	45%	63%	58%

续表

性别	年龄	点心、饼干类	果脯类	坚果类	茶、酒
女	15 岁以下	48%	25%	35%	20%
	15~18 岁	53%	33%	55%	36%
	19~22 岁	65%	52%	65%	38%

调查表可视化的参考步骤如下：

步骤 1：单击菜单“插入”选项卡，在弹出的菜单中单击“窗体”下拉按钮，在弹出的菜单中单击“选项按钮”命令，如图 3–1–35 所示，并将该按钮添加到指定单元格，右击修改名称，并复制一个按钮，分别改名为“男”“女”。

步骤 2：右击该按钮，在弹出的快捷菜单中选择“设置对象格式”命令，在弹出的“设置对象格式”对话框中选中“已选择”单选按钮，设置“单元格链接”为指定的单元格“N1”，如图 3–1–36 所示。

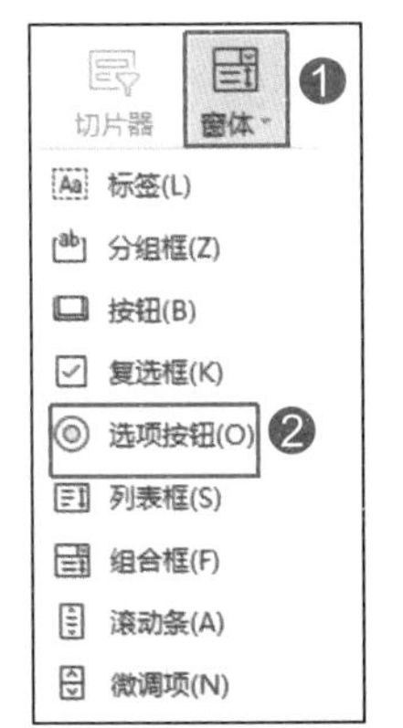

图 3–1–35　添加按钮

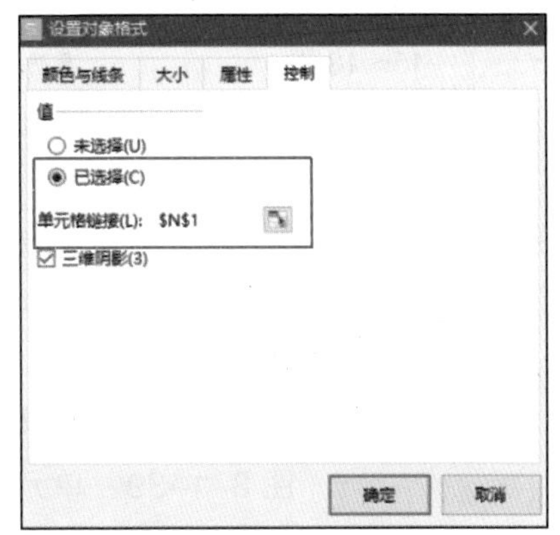

图 3–1–36　设置按钮

步骤 3：设置“单元格链接”为指定的单元格“N1”，可以看到单击按钮“男”，N1 单元格值为 1；单击按钮“女”，N1 单元格值为 2，如图 3–1–37 所示。

L	M	N	L	M	N
		2			1
○男	◉女		◉男	○女	

图 3–1–37　单击按钮的变化

步骤 4：如图 3–1–38 所示，在年龄标题下方第一个单元格输入如下公式。

“=IFS（N1=1,B3,N1=2,B6）”

性别	年龄	点心饼干类	果脯类	坚果类	茶、酒
=IFS(N1=1, B3, N1=2, B6)					
男					

图 3–1–38　单元格输入公式

实现功能为：当单选按钮返回值为“1”时，该单元格输出 B3 的内容；当单选按钮返回值为“2”时，该单元格输出 B6 的内容，如图 3–1–39 所示。

青少年最喜欢绿色食品调查

性别	年龄	干类	果脯类	坚果类	茶、酒
男	15岁以下	40%	24%	34%	30%
	15～18岁	51%	36%	56%	38%
	19～22岁		45%	63%	58%
女	15岁以下	48%	25%	35%	20%
	15～18岁	53%	33%	55%	36%
	19～22岁	65%	52%	65%	38%

B3单元格

B6单元格

性别	年龄	点心、饼干类	果脯类	坚果类	茶、酒
男	=IFS(N1=1, B3, N1=2, B6)	0.4	0.24	0.34	0.3
		0.51	0.36	0.56	0.38
		0.55	0.45	0.63	0.58

图 3–1–39　单元格输入不同公式的结果

IFS 函数是检查是否满足一个或多个条件并返回与第一个 TRUE 条件对应的值。

语法：=IFS（条件 1，值 1，条件 2，值 2，…，条件 N，值 N）对目标进行条件判断，如果符合条件 1，则返回 1；如果不符合条件 1，则进行条件 2 判断，依次类推。

例如，在 A1 单元格中输入函数判定分数等级：=IFS（A1<60，"不及格"，A1<75，"及格"，A1<85，"中等"，A1<95，"良好"，A1>=95，"优秀"），则对 A1 单元格内分数进行多条件判定，若小于 60 分，则输出不及格；若小于 75 分、大于 60 分，则输出及格，依次类推。

步骤 5：其余单元格用填充柄复制公式，此时会生成表 3–1–10 所示数据。分别单击“男”“女”单选按钮，单元格内容即会随之改变。

表 3-1-10　复制公式生成数据

性别	年龄	点心、饼干类	果脯类	坚果类	茶、酒
男	15 岁以下	20%	34%	34%	34%
	15~18 岁	26%	46%	56%	46%
	19~22 岁	50%	50%	67%	50%

步骤 6：选中表 3-1-9 中的内容创建图表，将单选按钮移动到图表上，并且置为顶层，即可得到如图 3-1-40 和图 3-1-41 所示的青少年最喜爱绿色食品调查可视化图表。单击“男”“女”单选按钮时会动态显示相应图表。

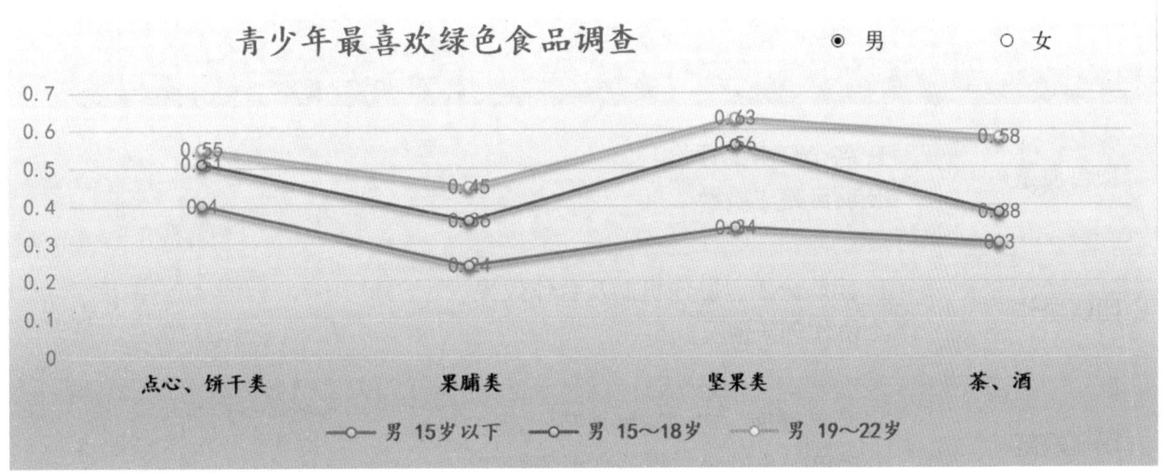

图 3-1-40　青少年最喜爱绿色食品调查 1（可视化）

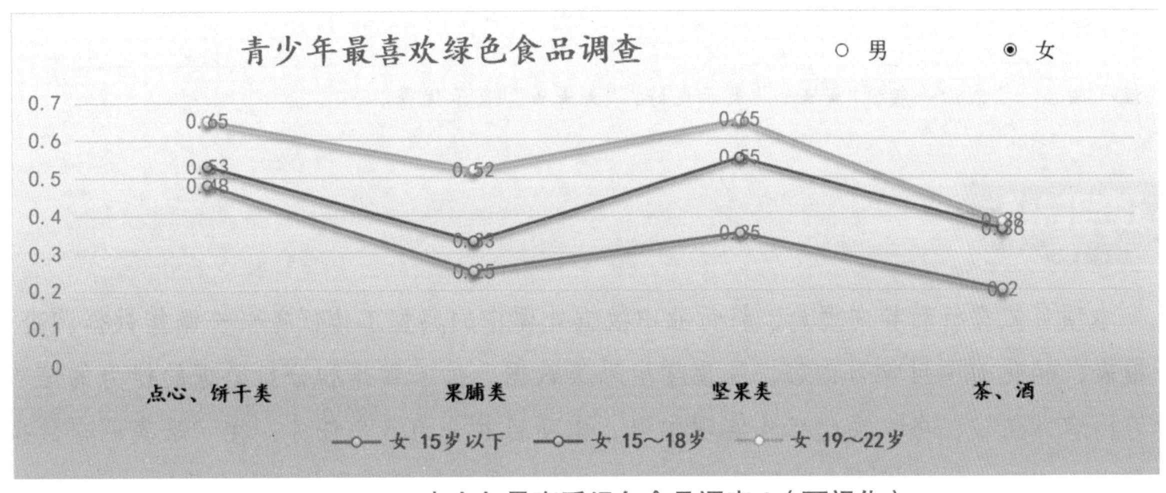

图 3-1-41　青少年最喜爱绿色食品调查 2（可视化）

项目分享

方案 1：各工作团队展示交流项目，谈谈自己的心得体会，并选派代表分享交流。

方案 2：由学生代表与指导教师组成项目评审组，各工作团队制作汇报材料并进行答辩。

项目评价

请根据项目完成情况填涂表 3-1-11。

表 3-1-11　项目评价表

类　别	内　容	评　分
项目质量	1. 各个任务的评价汇总 2. 项目完成质量	☆☆☆
团队协作	1. 团队分工、协作机制及合作效果 2. 协作创新情况	☆☆☆
职业规范	1. 项目管理、实施环境规范 2. 项目实施过程、相关文档的规范	☆☆☆
建议		

注：“★☆☆”表示一般，“★★☆”表示良好，“★★★”表示优秀。

项目总结

本项目依据行动导向理念，将行业中数据处理中的典型工作任务——制作数据调查分析报表，转化为项目学习内容，注重学生采集数据、加工数据和分析数据的能力的培养，学习内容即工作任务，通过工作实现学习。本项目共分为 3 个任务，在“采集调查数据”任务中介绍了如何根据需求选用采集数据的方式；在“加工数据信息”任务中介绍了加工处理数据的方法；在“制作可视化报表”任务中介绍了生成可视化数据报表的方法。在整个项目实施过程中，帮助学生认识数据的本质、了解发展趋势等直观展现，为决策提供强有力的数据支持思维。

项目拓展 制作居民购物特点数据报表

1. 项目背景

某小区新建一个 CBD，某公司拟入驻并建设一个大型超市，但不清楚小区居民构成情况及购物习惯、购物趋势，特委托学校团委以助学金奖励招募志愿者。小青想到可以锻炼自己能力，还加挣一部分津贴帮补家里开支，决定和同学一起挑战本工作。

2. 预期目标

要求能广泛采集数据并经加工处理后形成报表。要求如下：

1）数据量大、真实、有效，能快捷收集与处理；

2）能对数据进行加工处理，计算有效数据，便于公司决策；

3）能形成美观的数据报表，参考效果图如下。

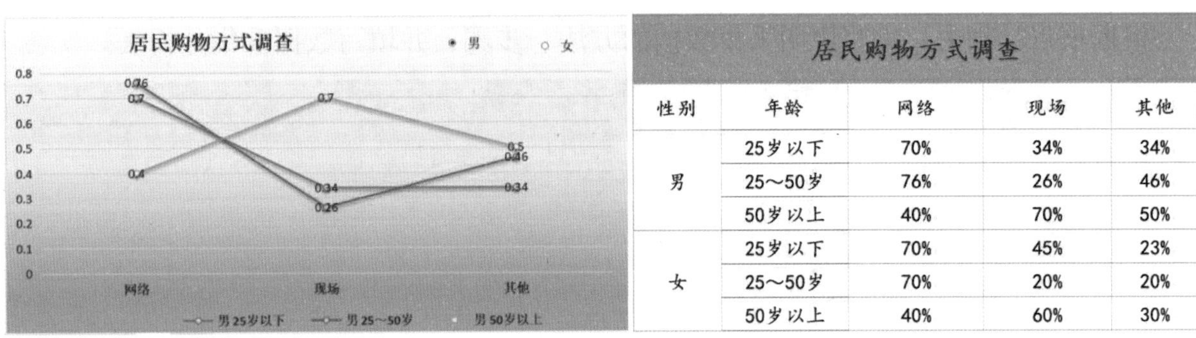

居民购物方式调查				
性别	年龄	网络	现场	其他
男	25岁以下	70%	34%	34%
	25～50岁	76%	26%	46%
	50岁以上	40%	70%	50%
女	25岁以下	70%	45%	23%
	25～50岁	70%	20%	20%
	50岁以上	40%	60%	30%

注：效果图仅作参考，请自行根据采集的数据制作。

3. 项目资讯

1）采集大量数据的有效方法是____

____

____

____

2）数据加工最快捷的方式是____

____

____

____

4. 项目计划

绘制项目计划思维导图。

5. 项目实施

任务 1：采集数据

根据项目计划书，编写说明采集数据的方法、步骤，并填写数据采集分析表。

实际需求		数据作用
采集对象	性质（常驻 / 暂住）:	
	性别（男 / 女）	
	年龄特点（老年人 / 中年人 / 青年人）	
购物习惯	购物方式（网络 / 现场 / 其他）	
	单次购物金额（500 元 /100 元 /50 元）	
	购物类别（生活 / 服装 / 其他）	
	购物习惯（集中采购 / 随时采购）	

任务 2：加工数据信息

根据数据需要，加工处理原始数据，形成可计算、可视化数据，并整理类别。

任务 3：制作可视化报表

根据项目需求，形成可视化报表。

6. 项目总结

（1）过程记录

记录项目实施过程中的各种情况，为工作总结提供依据，如表格不够，可自行加页。

序　号	内　容	思考及解决方法
1		
2		
3		

（2）工作总结

从整体工作情况、工作内容、反思与改进等几个方面进行总结。

7. 项目评价

内　容	要　求	评　分	教师评语
项目资讯（10分）	回答清晰准确，紧扣主题，没有明显错误		
项目计划（10分）	计划清楚，图表美观，能根据实际情况进行修改		
项目实施（60分）	实施过程安全规范，能根据项目计划完成项目		
项目总结（10分）	过程记录清晰，工作总结描述清楚		
态度素养（10分）	按时出勤、积极主动、清洁清扫、安全规范		
合计	依据评分项要求评分合计		

项目 2 制作数据分析报表

项目背景

小青一直是个垃圾分类小达人，课余时间还经常与家人参与环保志愿者活动。通过参与学校与绿投鸭公司开展的校企合作项目，小青对环保行业有了进一步认识。作为校企合作的一个项目，暑假小青来到绿投鸭公司实习，她希望能有更多的机会为绿色环保事业贡献一份力量。公司让小青参与一个垃圾回收数据分析项目：公司在胜利街道管辖内的 6 个小区共安装了 29 个垃圾回收柜，经过一年的试运行，希望通过对回收数据进行分析，为未来在垃圾回收柜的设计改进、投放数量、回收频率及宣传推广等方面提供数据支持。

项目分析

项目小组根据公司需求拟订了项目计划，首先了解分析需求和分析目的，确定图表样式，绘制草图；其次进行数据透视表、透视图的制作；最后把所有图表汇总成一份可视化的分析报表。项目结构如图 3-2-1 所示。

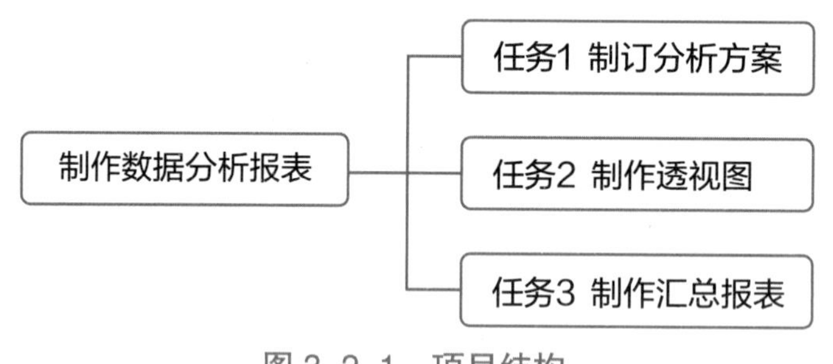

图 3-2-1 项目结构

学习目标

- 能根据需求和目的进行分析规划。
- 能把表格结构和表格数据按规范进行整理。
- 会制作数据透视图、透视表。
- 能对数据进行筛选，并进行数据分析。

任务 1 制订分析方案

任务描述

29 个垃圾回收柜一年的投放数据有 6 万多条，如何从如此大量的数据里面找到公司所需要的信息，如何更灵活地对数据进行筛选、汇总、比较，如何找出数据的变化趋势，如何把这些信息更直观地呈现出来？项目小组开始认真地思考这些问题。

任务分析

项目小组围绕分析需求和分析目的，首先确定了分析方案和所要采用的图表样式；然后对数据源进行了探究和检查；最后绘制出可视化报表草图，为后续分析报表的制作做好准备。任务路线如图 3-2-2 所示。

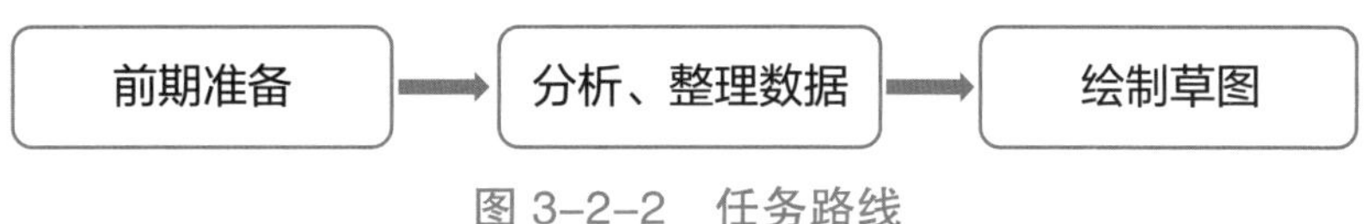

图 3-2-2 任务路线

数据分析的目的是对数据进行分类、对趋势进行预测、对数据进行过滤和关联、对数据进行探索和可视化准备，从而指导决策的制定。

数据分析并不只是简单的对数据表进行分类汇总，再根据汇总数据画个图表就可以了。首先要了解公司、客户的需求，结合自己对数据的研究，然后直观地把数字背后的信息表达出来，让人更清晰地查看这些数据，并能引发别人对数据的思考。

1. 前期准备

（1）了解需求

公司希望对 29 个垃圾回收柜的回收数据进行分析，为未来垃圾回收柜的设计改进、投放数量、回收频率及宣传推广等方面提供支持。项目小组讨论研究后订立了初步的方案，决定采用数据透视表、透视图来对数据进行分析，制作可视化图形分析报表。

在此过程中需要考虑以下几个方面的问题。

①是否需要统计回收物总量——可核算资本投入与效益产出。

②是否需要统计各类回收物问题——可对垃圾柜容积或清理频率进行调整。

③是否需要分析各月份回收量趋势——可分析居民接受程度是否逐步增长。

④是否需要分析各收集点回收情况排名——可分析收集点设置位置是否需要调整。

⑤其他可分析问题，包括各小区注册人数统计、性别比例、年龄层次比例、垃圾投放时间分析等。

思考活动

每个人对数据分析的理解和侧重点都会有所不同，你想从数据中分析出什么？把你的想法填在表 3-2-1 中。

表 3-2-1 问题分析记录

你要分析的问题	选用何种图表
统计各小区每月回收量，分析月份变化情况及全年投放量变化趋势	
统计投放人年龄段分布情况	

数据透视表是一种交互式的表，可以自由选择多个字段的不同组合，用于快速汇总、分析大量数据中字段与字段之间的关联关系。数据透视表主要的用途是以更加友好和清晰的方式来查看大量的表格数据。

（2）选择数据图表

数据分析内容最终呈现时，尽量以图形、图像化的视觉化方式予以展示。常用的数据图形有柱形图、条形图、折线图、饼图等。

①柱形图：由一系列垂直柱体组成，用以比较项目间的相对大小，如图 3-2-3 所示。

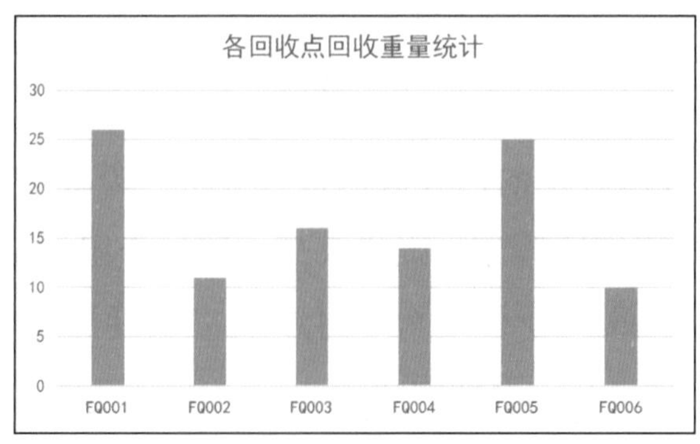

图 3-2-3 基础柱形图

②条形图：由一系列水平条形组成，用以比较项目间的相对大小，如图 3-2-4 所示。

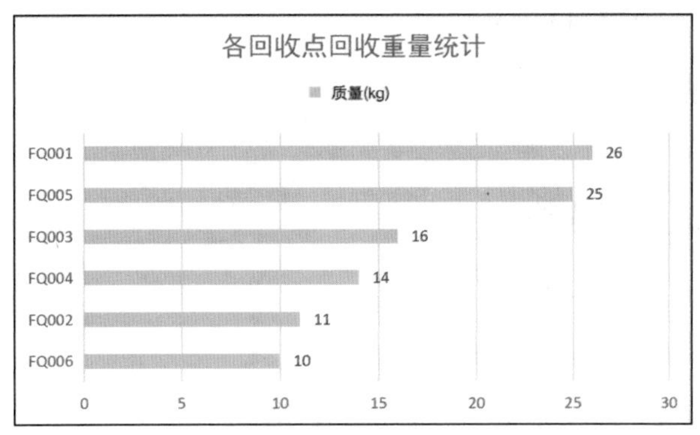

图 3-2-4　基础条形图

③折线图：是一条随时间变化的折线，用以表示一段时间内数据的变化趋势，如图 3-2-5 所示。

图 3-2-5　基础折线图

④饼图：用以显示几个数据在总和中所占百分比，如图 3-2-6 所示。

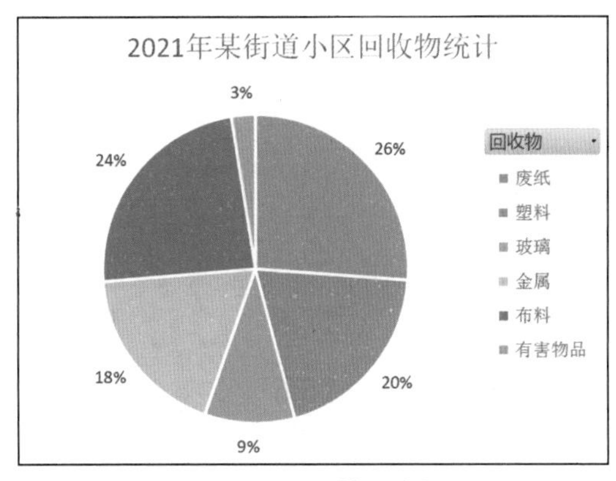

图 3-2-6　基础饼图

除上述几个常用图表外，WPS 表格还有面积图、雷达图、散点图等。在“插入”菜单中选择“全部图表”命令可以看到它们。

2. 分析、整理数据

数据透视表是 WPS 表格的一个强大的数据汇总和数据分析工具，但是要制作数据透视表，必须基于一份规范的数据表。

（1）表格结构要求

①每列数据的第一行为该列的标题。

②不能有合并单元格。

③不能有空行、空列。

④将二维表格整理成一维表格。

（2）表格数据要求

①日期必须使用数值型、规范的日期。

②需要进行计算、汇总的数字必须为纯数字格式。

③不能有空的单元格。

实践活动

表 3-2-2 是一个数据统计表，根据上述表格结构和表格数据要求，分析这个表格是否可以制作数据透视表？试一试，按上述要求调整表格。

表 3-2-2　数据统计表

<table>
<tr><th rowspan="2">日期</th><th rowspan="2">小区名称</th><th colspan="4">回收物 /kg</th><th rowspan="2">合计</th></tr>
<tr><th>玻璃</th><th>废纸</th><th>布料</th><th>有害物</th></tr>
<tr><td rowspan="5">2021.1.1</td><td>富强</td><td>6.5</td><td>15.8</td><td>20.0</td><td>1.1</td><td>43.4</td></tr>
<tr><td>民主</td><td>17.9</td><td>21.0</td><td>8.2</td><td></td><td>47.1</td></tr>
<tr><td>文明</td><td>13.4</td><td>44.5</td><td>5.0</td><td>2.0</td><td>64.9</td></tr>
<tr><td>爱国</td><td>13.1</td><td>25.3</td><td>18.3</td><td></td><td>56.7</td></tr>
<tr><td>和谐</td><td>11.9</td><td>42.5</td><td>11.8</td><td>2.4</td><td>68.6</td></tr>
<tr><td rowspan="5">2021.1.2</td><td>富强</td><td>7.8</td><td>19.0</td><td>7.8</td><td>0.6</td><td>35.2</td></tr>
<tr><td>民主</td><td>11.0</td><td>16.8</td><td>2.8</td><td>0.5</td><td>31.1</td></tr>
<tr><td>文明</td><td></td><td>25.0</td><td></td><td>1.1</td><td>26.1</td></tr>
<tr><td>爱国</td><td>5.5</td><td>12.8</td><td>5.3</td><td>0.8</td><td>24.4</td></tr>
<tr><td>和谐</td><td>4.0</td><td>13.6</td><td>10.0</td><td></td><td>27.6</td></tr>
</table>

3. 绘制草图

确定好要使用的透视图、透视表，以及要分析的项目后，项目小组成员每人绘制一幅报表布局草图，以投票方式确定最终方案。绘制草图的方法主要有以下几种。

方式 1：使用 WPS Office 中的 WPS 表格、WPS 文字绘制简图，如图 3-2-7 所示。

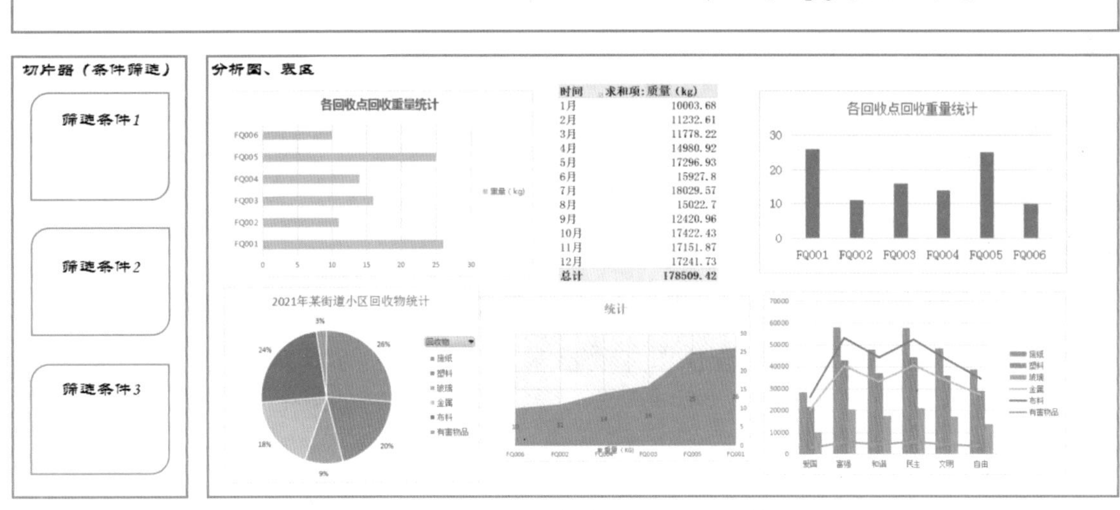

图 3-2-7　WPS 表格交互式报表草图

操作参考步骤如下：

步骤 1：在表格中执行“插入”→“形状”命令，选择矩形拖出合适的框线，文字直接在单元格中输入。

步骤 2：利用有数值的表格，执行“插入”→“图表”命令，打开图表对话框，选择图表截图粘贴在草图的图表区。

方式 2：使用手绘图的方式，绘制草图，如图 3-2-8 所示。

图 3-2-8　手绘交互式报表草图

任务延伸

已经确定要分析的数据和要采用的图表，你打算让它们以哪种方式呈现给大家？画出属于你自己的报表草图。

制作透视图

任务描述

经过前期的精心准备，小青和组员们有了数据分析方案，工作目标已经非常明确。接下来就要把数据的分析方案用透视图体现出来。

任务分析

根据设计方案，使用 WPS 表格逐一制作出所需要的数据透视表和透视图。

1. 制作关键绩效指标（Key Performance Indicator，KPI）

步骤 1：单击数据源表格任一数据单元格，在“数据”选项卡中单击“数据透视表”按钮，如图 3-2-9 所示。

	A	B	C	D	E	
1	时间	小区名称	回收点ID	投放人	性别	年龄
2	2021/1/1 9:00 AM	文明	WM004	A0318	女	
3	2021/1/1 9:07 AM	富强	FQ001	A2223	男	
4	2021/1/1 9:11 AM	文明	WM003	A2046	女	
5	2021/1/1 9:12 AM	民主	MZ006	A2055	男	
6	2021/1/1 9:17 AM	富强	FQ005	A0969	男	
7	2021/1/1 9:20 AM	和谐	HX005	A0102	女	
8	2021/1/1 9:31 AM	文明	WM002	A0556	女	

图 3-2-9 创建数据透视表

步骤 2：将数据透视表放置在新的工作表内，如图 3-2-10 所示。新工作表命名为“KPI 表”。

步骤 3：将字段“时间”“质量（kg）”拖入到值框内，生成对时间列计数、对质量列求和的透视表，如图 3-2-11 所示。

数据透视表的布局

字段列表：显示数据源中所有的字段名称，就是数据区域的列标题。
行：又称行字段，被拖入行区域的字段，将成为数据透视表的行标题。
列：又称列字段，被拖入列区域的字段，将成为数据透视表的列标题。
值：又称值字段，把字段拖放到值区域，数据透视表会对该字段进行汇总计算。

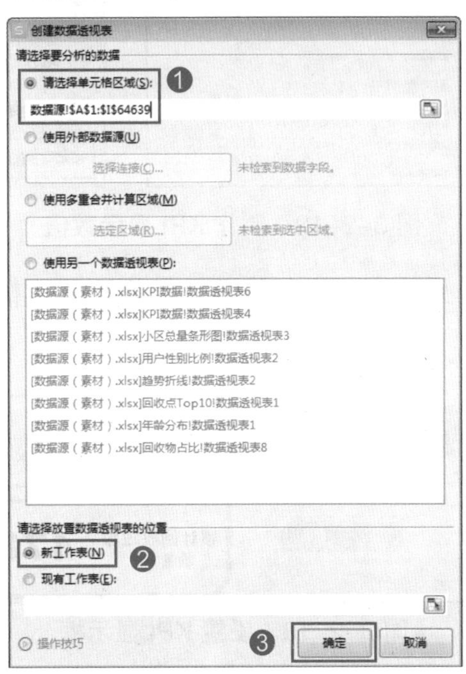

图 3-2-10 选择透视表放置位置

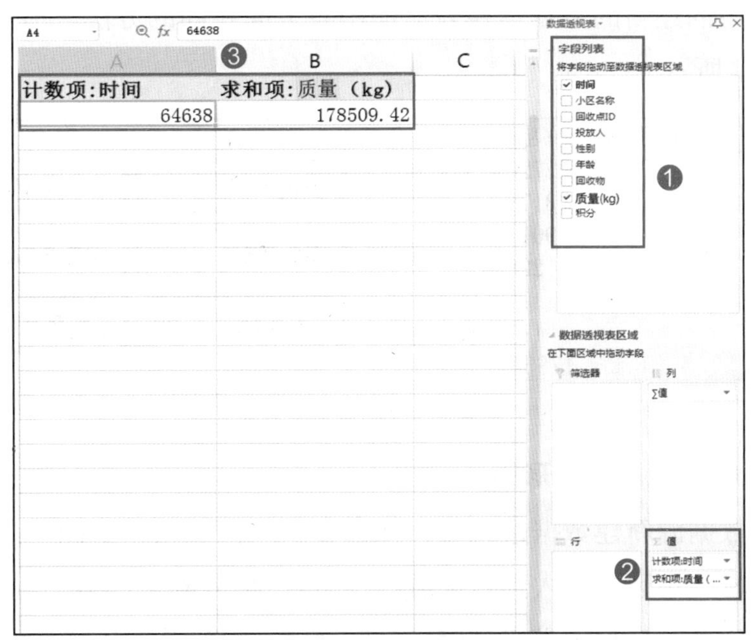

图 3-2-11 选择分析数据

步骤 4：复制透视表内容，在透视表旁空白单元格处“粘贴链接”，如图 3–2–12 所示。

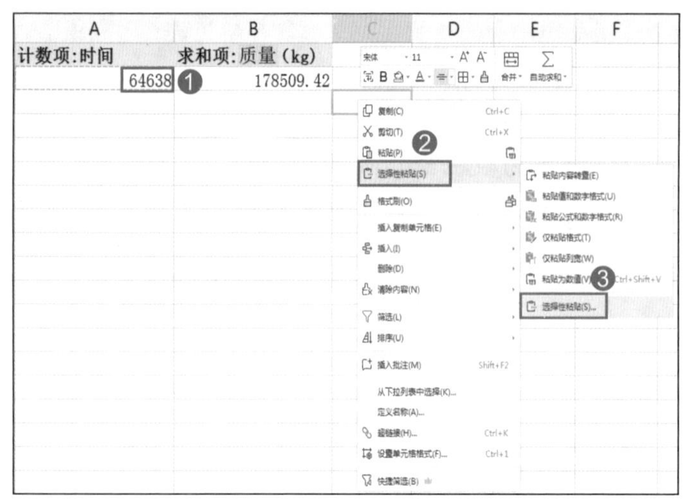

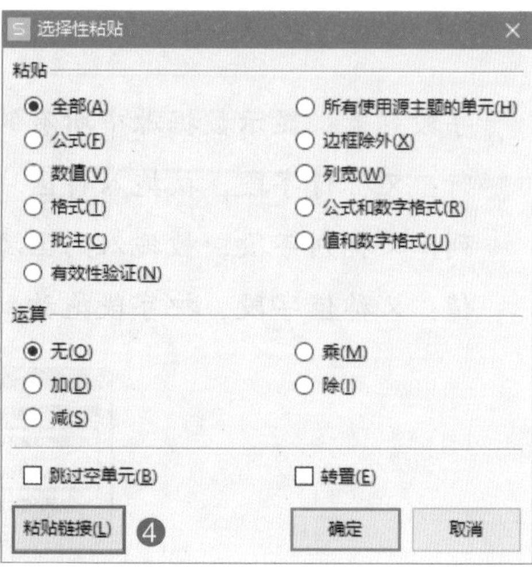

图 3–2–12 制作 KPI 显示数值

步骤 5：对粘贴得到的单元格内容进行设置，插入形状边框，隐藏网格线，如图 3–2–13 所示。

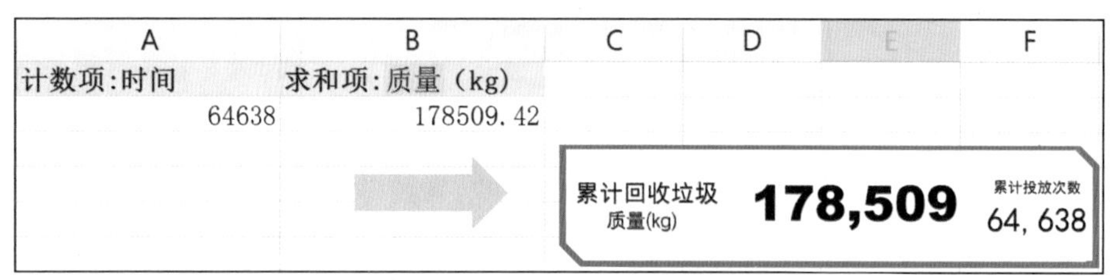

图 3–2–13 设置 KPI 显示框

2. 制作分类统计指标

在“KPI 表”内创建新的数据透视表，使用与上面相同的方法，显示各类垃圾的汇总数据，如图 3–2–14 所示。

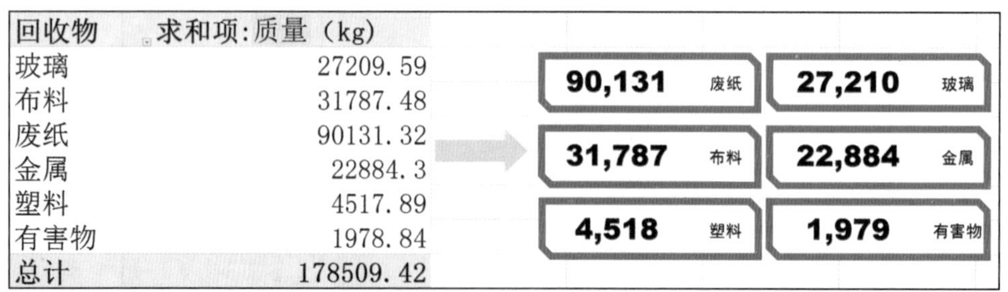

回收物	求和项:质量（kg）
玻璃	27209.59
布料	31787.48
废纸	90131.32
金属	22884.3
塑料	4517.89
有害物	1978.84
总计	178509.42

图 3–2–14 制作分类 KPI

3. 制作小区回收垃圾总量条形图

步骤 1：使用数据源新建数据透视表，保存在“小区总量条形图”工作表内。

步骤 2：将字段“小区”拖入到行区域、“质量”拖入到值区域。

步骤 3：对“质量”列数据进行排序，如图 3–2–15 所示。

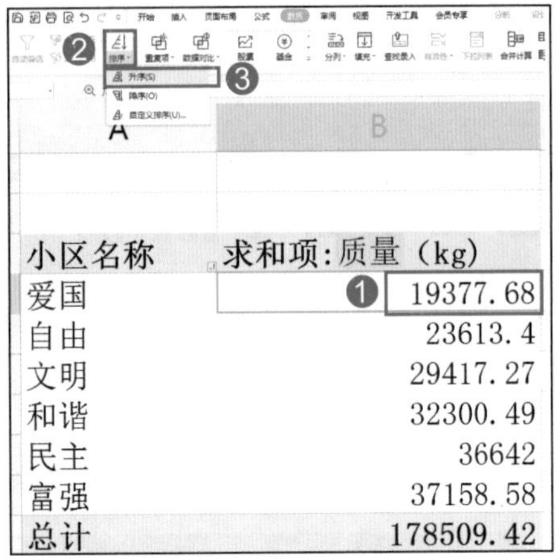

图 3–2–15 对数据进行排序

步骤 4：利用数据透视表生成透视图，如图 3–2–16 所示。

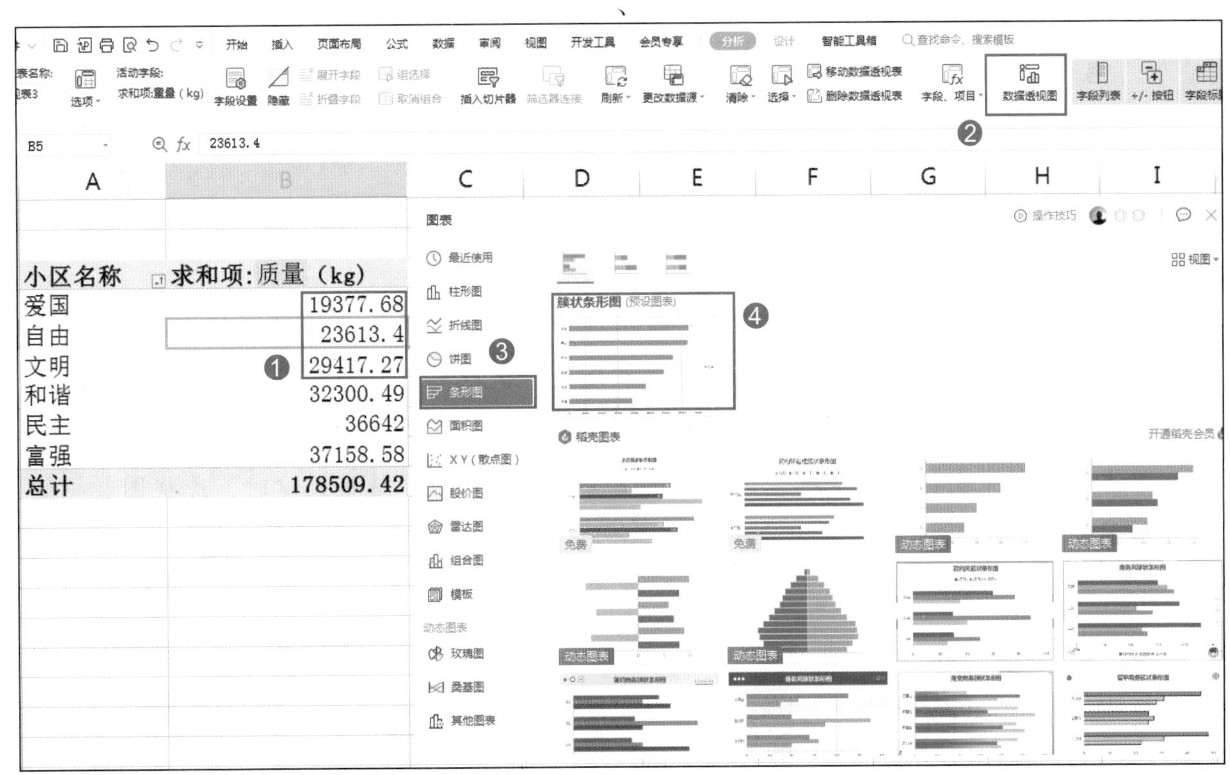

图 3–2–16 生成小区总量条形图

步骤 5：单击透视图，在“分析”选项卡中单击“字段按钮”的下拉按钮，删除透视图字段名显示，如图 3–2–17 所示。

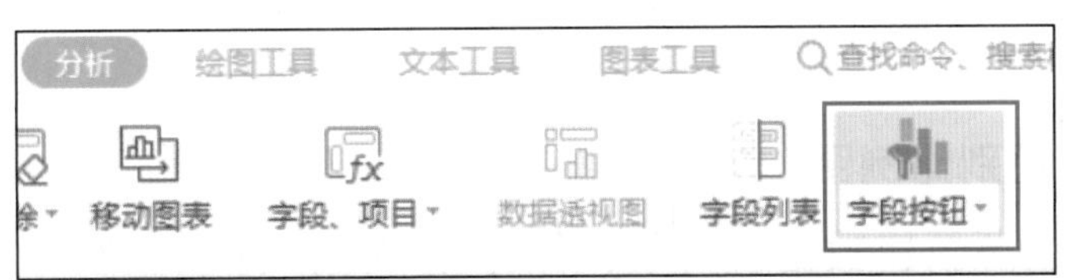

图 3–2–17 删除透视图字段名显示

步骤 6：利用透视图“图表元素”选项卡添加图表标题、数据标签，去除图例，如图 3-2-18 所示。

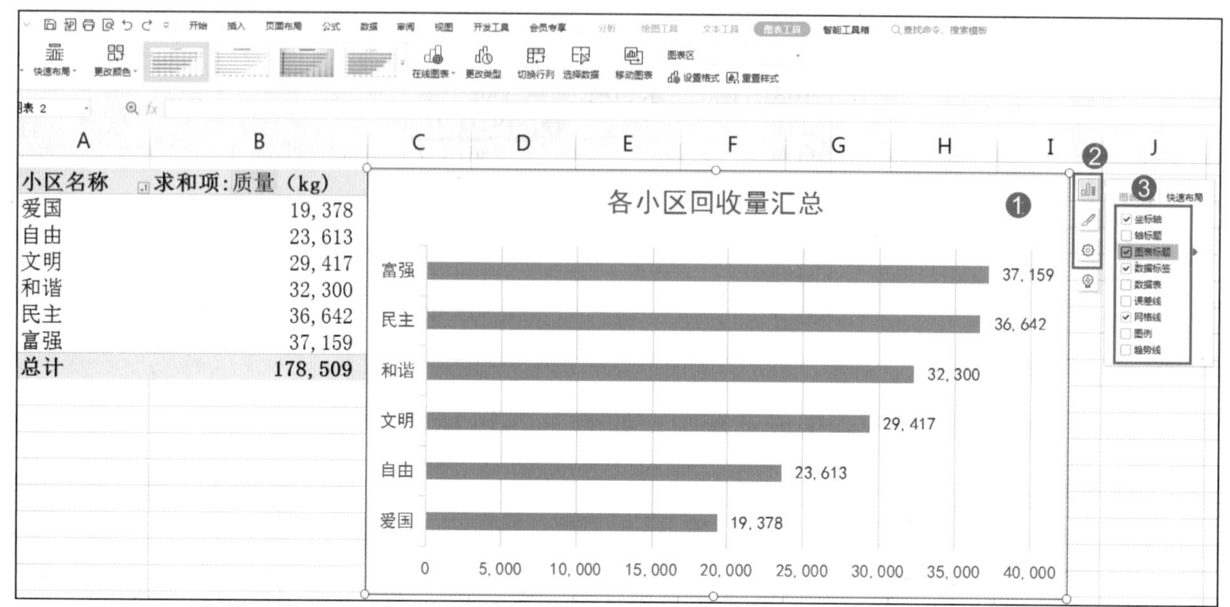

图 3-2-18　设置图表外观

细心的小伙伴们会发现，在步骤 3 对数据进行排序时选用的升序，但生成的透视图是按降序排列。这是因为条形图分类轴默认是相反的，因此要么将数据升序排列，要么在生成的图表纵坐标轴类别中设置成“逆序类别”，如图 3-2-19 所示。

单击条形图纵坐标，在坐标轴设置里选中“逆序类别”复选框，这时，透视图数据的排序和图表就一致了。

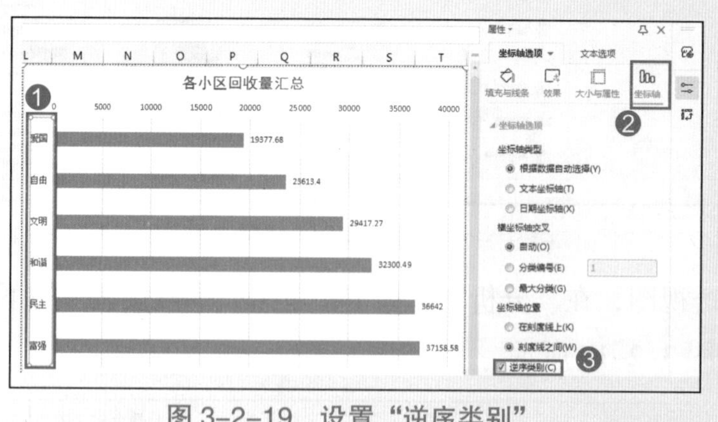

图 3-2-19　设置“逆序类别”

4. 制作用户投放性别比例图

步骤 1：使用数据源新建数据透视表，保存在“用户性别比例”工作表内。

步骤 2：参考前文尝试自己制作饼图，如图 3-2-20 所示。

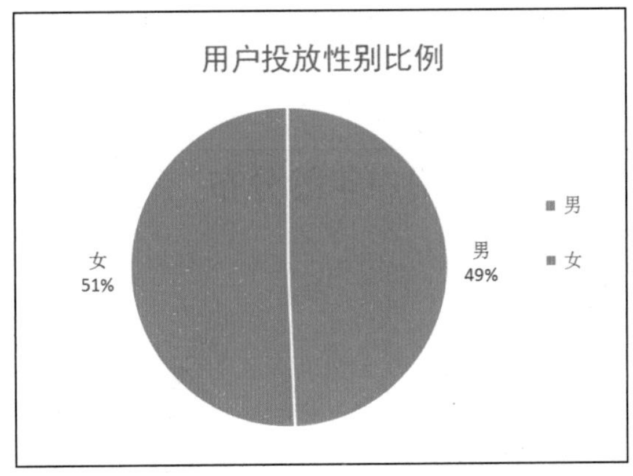

图 3-2-20 制作用户投放性别比例饼图

5. 制作用户年龄分布图

步骤 1：使用数据源新建数据透视表，保存在“年龄分布”工作表内。

步骤 2：将字段“年龄”拖入到行区域、“重量”拖入到值区域。

步骤 3：右击“年龄”列数据，在弹出的快捷菜单中选择“组合”命令，对“年龄”列数据进行组合，按年龄段进行汇总，如图 3-2-21 和图 3-2-22 所示。

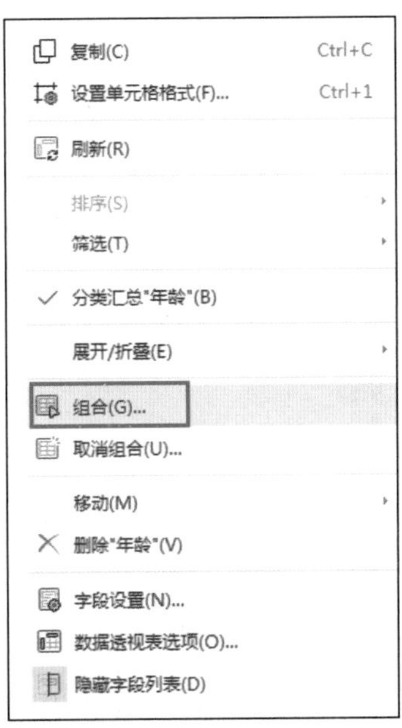

图 3-2-21 在快捷菜单中选择“组合”命令

年龄	求和项：质量（kg）
16~25	36208.91
26~35	59663.68
36~45	68547.67
46~55	3708.93
56~65	4157.12
66~75	4821.43
76~80	1401.68
总计	**178509.42**

图 3-2-22 按照年龄段汇总

步骤 4：利用数据透视表生成并调整透视图，部分数据占比太小，采用复合饼图，如图 3-2-23 所示。

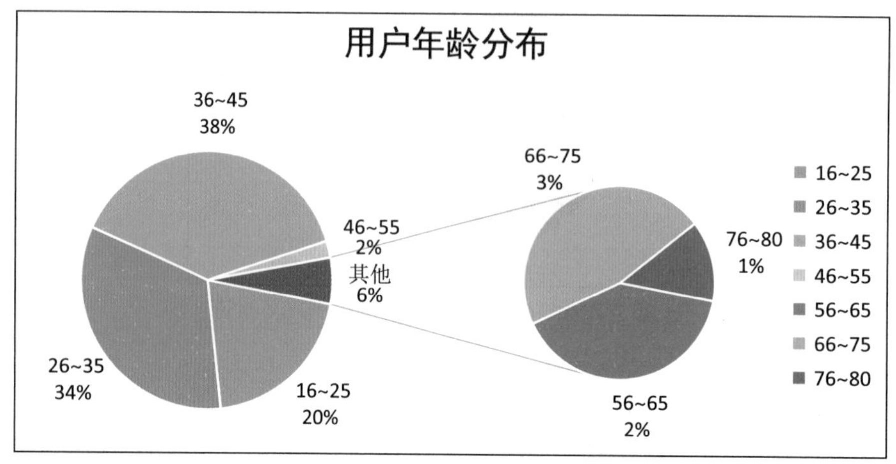

图 3-2-23　复合饼图

6. 制作回收垃圾折线图

步骤 1：利用“时间”“小区名称”和“质量”字段制作数据透视表，如图 3-2-24 所示，保存在“趋势折线”工作表内。

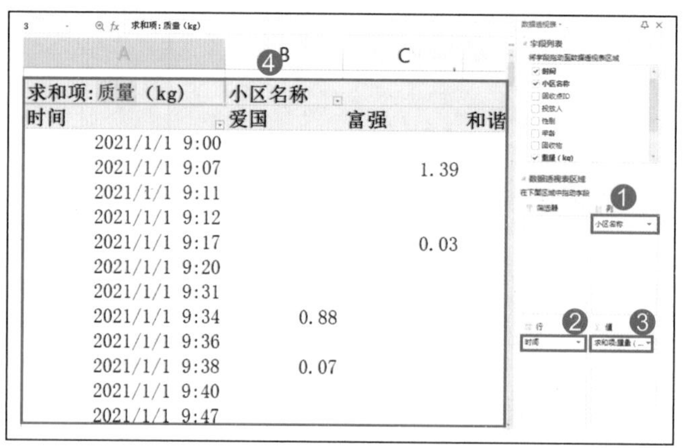

图 3-2-24　创建趋势折线透视表

步骤 2：选中“时间”列单元格，并右击，在弹出的快捷菜单中单击“组合”命令，按月份组合时间。“组合”命令的使用参考“制作用户年龄分布图”的步骤 3，结果如图 3-2-25 所示。

求和项:质量（kg）	小区名称						
时间	爱国	富强	和谐	民主	文明	自由	总计
1月	1056.51	2047.46	1713.15	2124.06	1745.93	1316.57	10003.68
2月	1265.12	2215.01	1967	2396.66	1877.89	1510.93	11232.61
3月	1246.7	2547.93	2046.79	2496.83	1942.56	1497.41	11778.22
4月	1752.86	3161	2553.54	3057.92	2511.65	1943.95	14980.92
5月	1726.47	3552.06	3269.33	3727.12	3000.65	2021.3	17296.93
6月	1615.95	3287.56	3019.54	3178.21	2639.15	2187.39	15927.8
7月	1923.38	3782.68	3445.28	3479.35	2893.15	2505.73	18029.57
8月	1699.65	3152.35	2682.16	3221.93	2387.47	1879.14	15022.7
9月	1302.99	2581.27	2402.76	2535.24	1992.59	1606.11	12420.96
10月	1954.63	3730.16	3193.25	3465.94	2708.99	2309.46	17422.43
11月	1902.33	3508.32	3149.23	3422.42	2768.42	2401.15	17151.87
12月	1931.09	3592.78	2858.46	3536.32	2888.82	2434.26	17241.73
总计	19377.68	37158.58	32300.49	36642	29417.27	23613.4	178509.42

图 3-2-25　按月份组合汇总成各小区每月重量表

步骤 3：利用数据透视表生成并调整透视图，如图 3-2-26 所示。

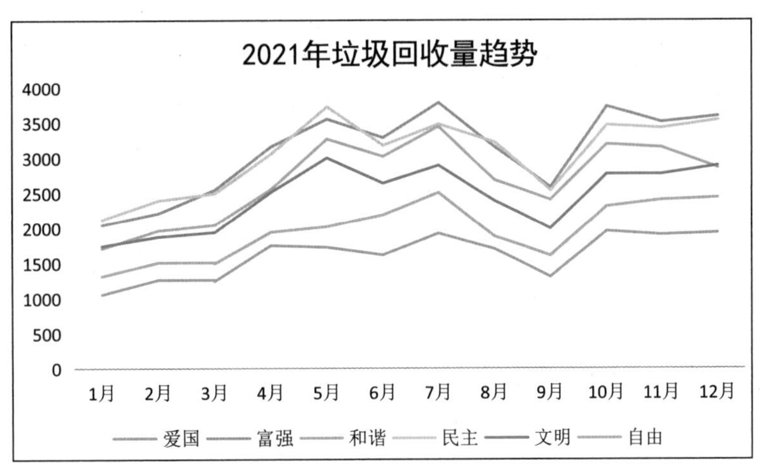

图 3-2-26　完成趋势折线透视图

7. 制作回收点投放量 Top10 条形图

步骤 1：利用“回收点 ID”和“质量”生成透视表，如图 3-2-27 所示，保存在“回收点 TOP10”工作表内。

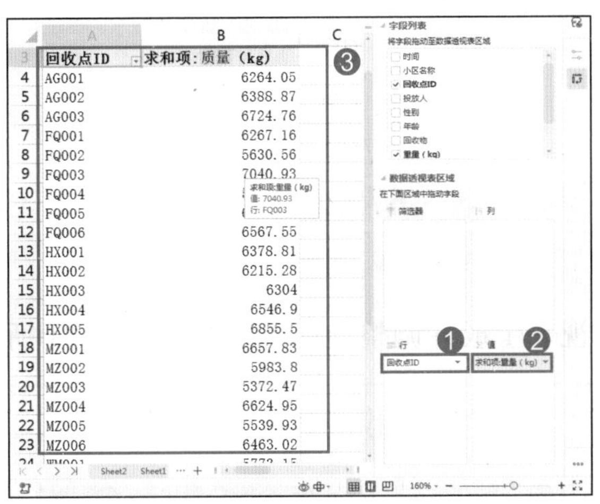

图 3-2-27　创建统计“回收点 ID”和“重量”的透视表

步骤 2：单击“回收点 ID”右侧的下拉按钮，单击“值筛选”→“前 10 项”命令，筛选出重量值最大的前 10 个回收点，如图 3-2-28 和图 3-2-29 所示。

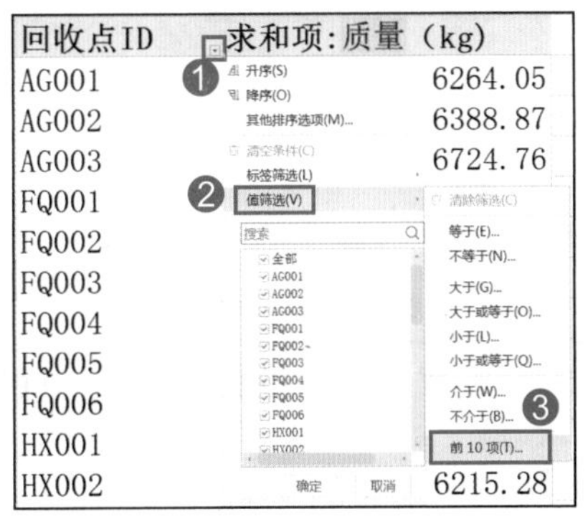

图 3-2-28　执行“前 10 项”命令

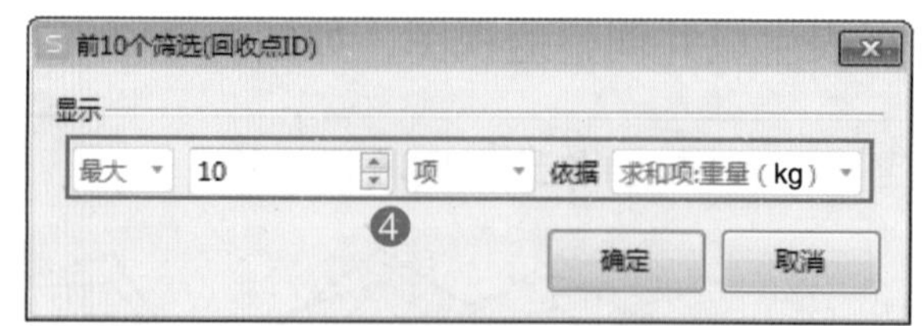

图 3–2–29　筛选重量值最大的前 10 项

步骤 3：在前 10 项数据上右击，在弹出的下拉菜单中单击“排序”→“升序”命令，对筛选结果进行排序，如图 3–2–30 所示。

回收点ID	求和项:质量（kg）
MZ006	6463.02
HX004	65
FQ006	6567
MZ004	662
MZ001	665
AG003	672
WM004	678
HX005	68
ZY002	69
FQ003	704
总计	6722

宋体 11 合并 自动求和
复制(C) Ctrl+C
设置单元格格式(F)... Ctrl+1
数字格式(T)...
刷新(R)
排序(S)
升序(S)
降序(O)
其他排序选项(M)...
删除"求和项:重量（kg）"(V)
值汇总依据(M)
值显示方式(A)
显示详细信息(E)
值字段设置(N)...
数据透视表选项(O)...
隐藏字段列表(D)

图 3–2–30　对筛选结果进行排序

步骤 4：利用数据透视表生成并调整透视图，如图 3–2–31 所示。

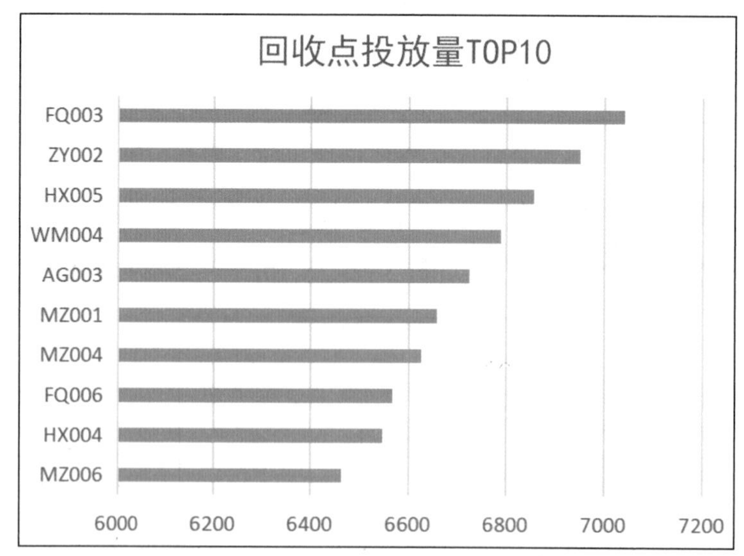

图 3–2–31　完成回收点投放量 TOP10 的透视图

8. 制作回收物占比三维饼图

步骤 1：利用数据源生成透视表，保存在“回收物占比”工作表内。

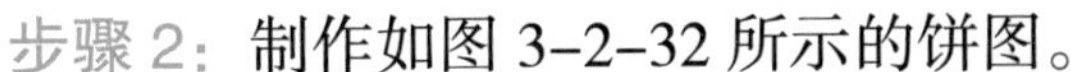

步骤 2：制作如图 3-2-32 所示的饼图。

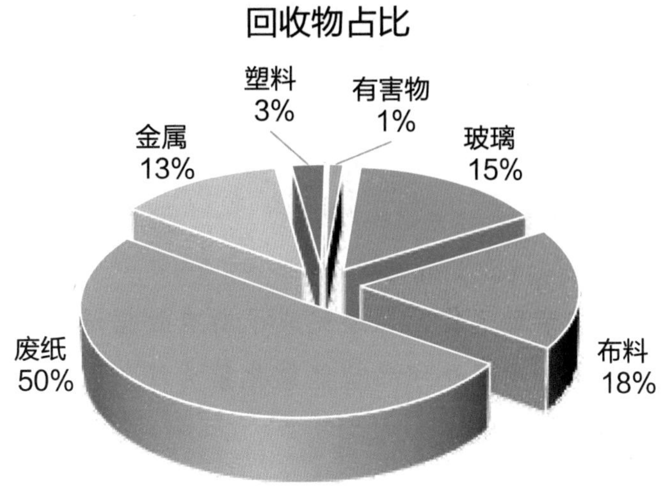

图 3-2-32　回收物占比三维饼图

通过对数据进行筛选、提炼，应该对数据分析有了新的认识，尝试对你选择的数据和图表进行简单的分析，完成表 3-2-3。

表 3-2-3　数据分析记录表

已选图表	你对数据和图表的分析
KPI	分析建议：使用 KPI 对回收总量和各类回收物总量进行了统计，总量是多少、各类别总量是多少，结合回收物单价，计算出回收物收入为____元。
小区回收垃圾总量条形图	分析建议：最高、最低的是哪个小区？结合各小区户数资料，可计算人均投放量。部分小区人均回收量较低是什么原因？宣传做得不好，还是居民有其他更好、更方便的处理方法？
回收量折线图	分析建议：通过折线较长能否找到一年数据变化趋势？趋势是怎样的？有哪些规律性和不规律的情况？

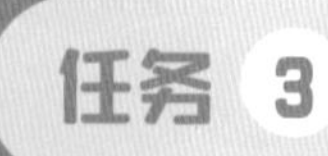

任务 3 制作汇总报表

任务描述

经过小青和团队成员的辛勤工作，已经完成了所有数据透视表和透视图的制作，接下来就要汇报数据分析结果。项目小组希望能够化繁为简，以最直观、最清晰明了的形式向公司提交此次数据分析的结果。

任务分析

首先根据前期设计草图，把数据透视表和透视图汇总到报告页；然后在汇总页面插入切片器，使用切片器关联数据透视表/透视图，对数据进行筛选；最后对页面进行排版和美化，完成成品的制作。任务路线如图 3-2-33 所示。

图 3-2-33　任务路线

任务实施

1. 制作汇总页面

步骤 1：将“KPI”工作表改名为“汇总页”，新建一个工作表命名为“KPI 数据”。

步骤 2：使用“移动数据透视表”命令，分别将“汇总页”中的两个透视表移动到“KPI 数据”表内任意位置，图 3-2-34 放在“KPI 数据！ A4”，即“KPI 数据”工作表的 A4 单元格。

步骤 3：在各透视图工作表内，选中图表，使用“移动图表”命令将各个图表移动到“汇总页”工作表内，如图 3-2-35 所示。

步骤 4：拖动透视图，对各透视图的大小、位置进行简单调整，效果如图 3-2-36 所示。

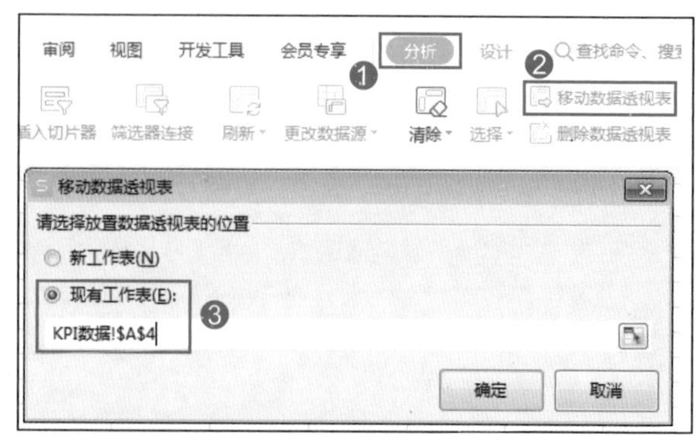

图 3-2-34　使用“移动数据透视表”命令

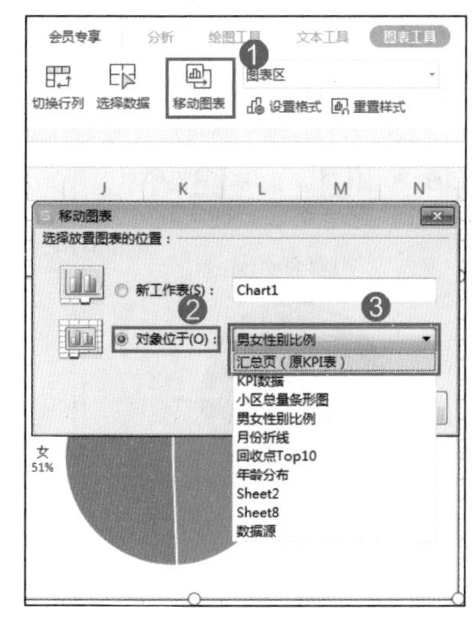

图 3-2-35 移动图表到汇总页

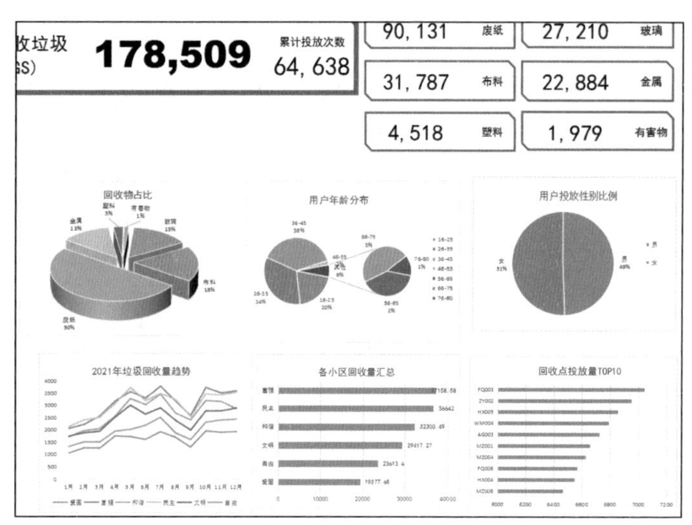

图 3-2-36 对各透视图的大小、位置进行简单调整

拖动鼠标可简单调整透视图的大小，同时按住 Shift 键，可以锁定图表高、宽比例。如图 3-2-37 所示。

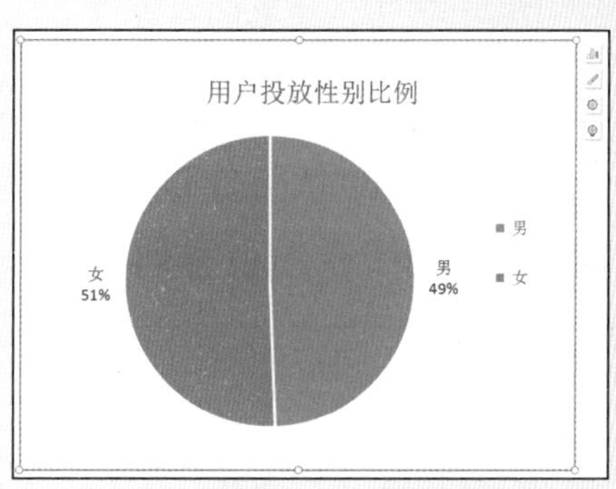

图 3-2-37 调整透视图的大小

步骤 5：简单调整至满意的布局后，调整所有透视图为同一尺寸，如图 3-2-38 和图 3-2-39 所示。

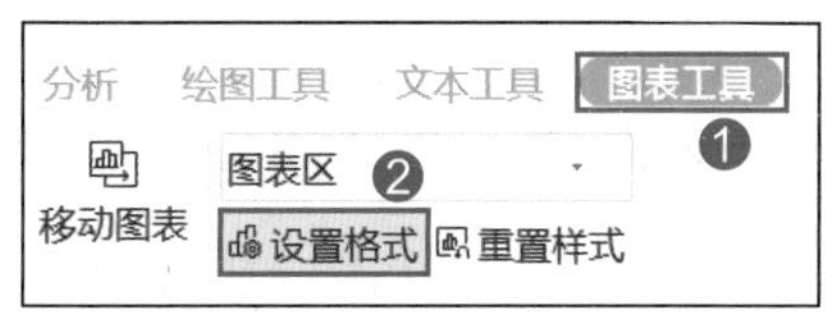

图 3-2-38 选择图表设置格式

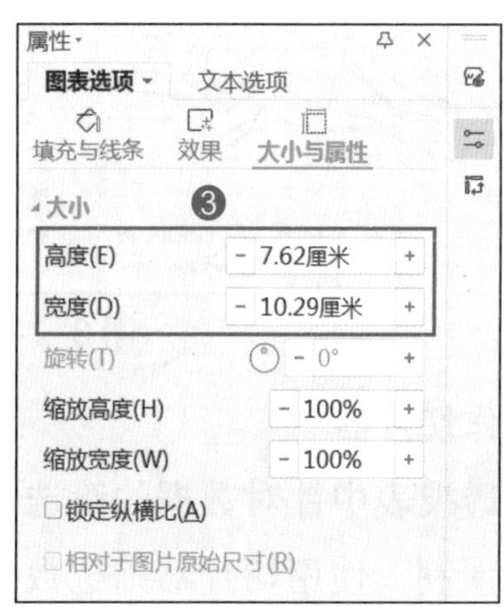

图 3-2-39 设置图表大小尺寸

步骤 6：按住 Ctrl 键，单击横排 3 个透视图，在弹出的图片排列菜单中分别选择“顶端对齐”和“横向分布”命令，完成图表的水平分布，如图 3-2-40 所示。

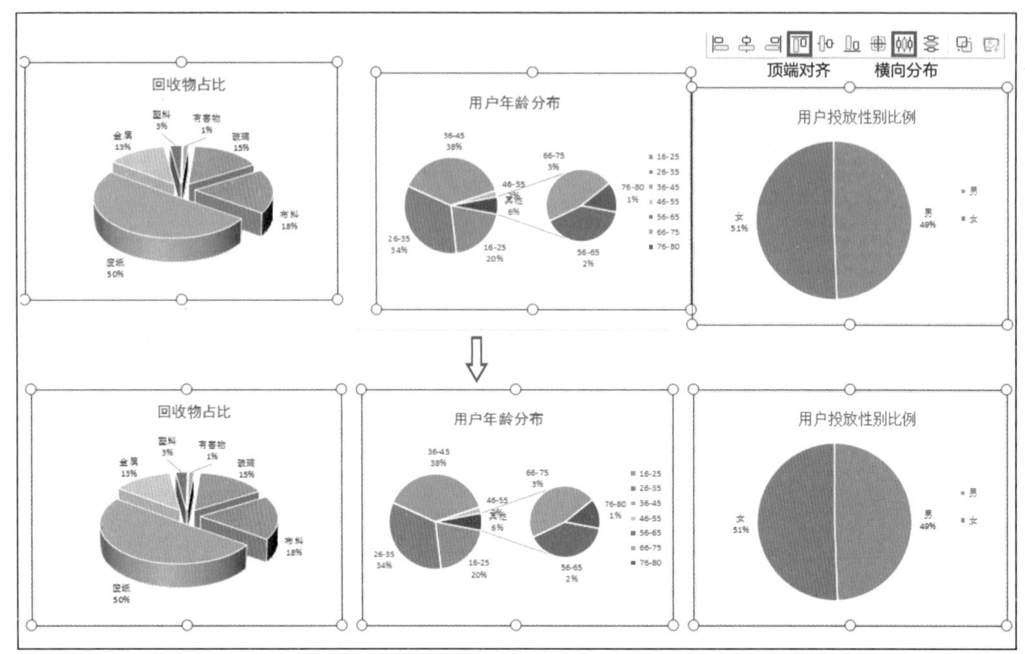

图 3-2-40　布置图表位置

步骤 7：按住 Ctrl 键，单击竖排两个透视图，在弹出的图片排列菜单中分别选择“左端对齐”和“纵向分布”命令，完成图表的纵向分布。

步骤 8：重复步骤 6 和步骤 7，直到所有图表排列整齐，如图 3-2-41 所示。

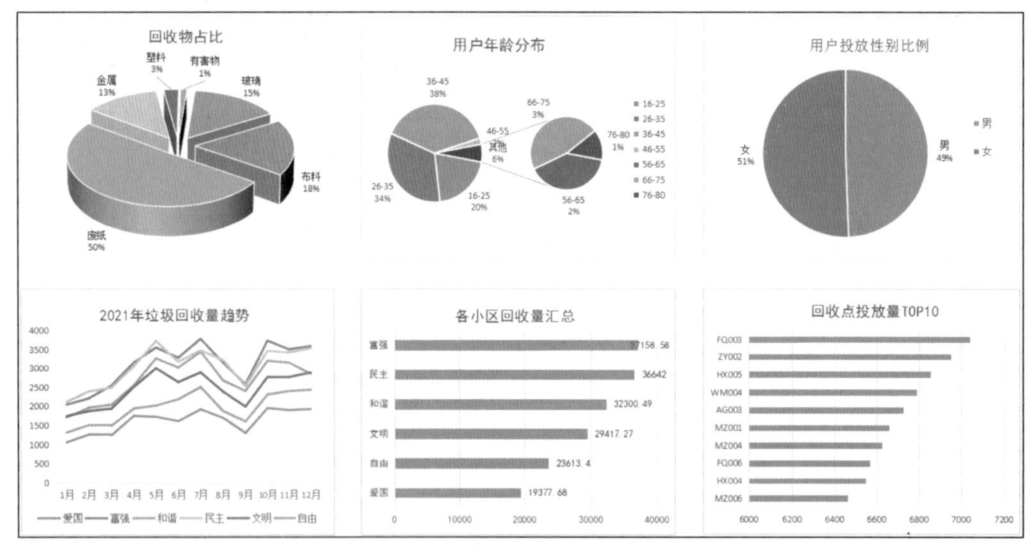

图 3-2-41　横竖排图表都排列整齐

2. 制作切片器

数据透视表中针对数据的筛选专门提供了一个切片器功能，此功能为数据的筛选提供了很大便利。使用切片器筛选数据会让统计结果更加直观，它包含一组按钮，无须打开下拉列表就能对数据实现筛选查看或筛选统计。

当需要对整个数据透视表进行筛选时，常规的做法是将字段拖放到筛选区域，通过选择筛选字段中的内容来筛选透视表中的数据，如图 3-2-42 所示。但是，这种方式操作起来并不方便，特别是对于透视表和透视图分别置于不同工作表中的情况。WPS 表格有切片器功能，使我们可以非常方便地对数据透视表、数据透视图的内容进行筛选，如图 3-2-43 所示。

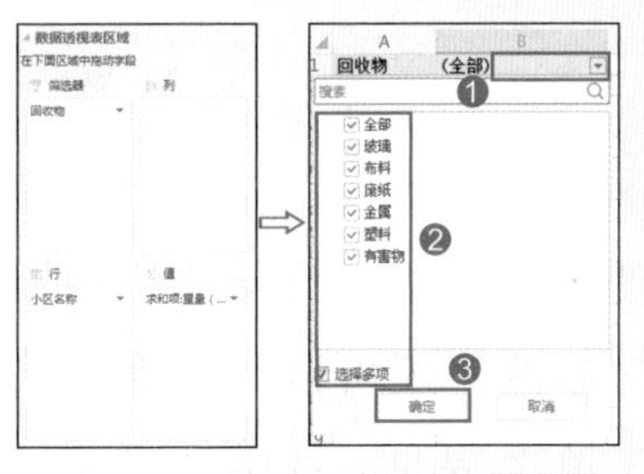

图 3-2-42　常规筛选

小区名称	求和项：质量（KG）
爱国	9774.27
富强	19171.14
和谐	16190.58
民主	18307.36
文明	14810.53
自由	11877.44
总计	90131.32

回收物：玻璃　布料　废纸　金属　塑料　有害物

图 3-2-43　使用切片器筛选数据

操作参考步骤如下。

步骤 1：在汇总页面单击任一透视图，在图表分析菜单下单击“插入切片器”按钮，制作需要的切片器，如图 3-2-44 和图 3-2-45 所示。

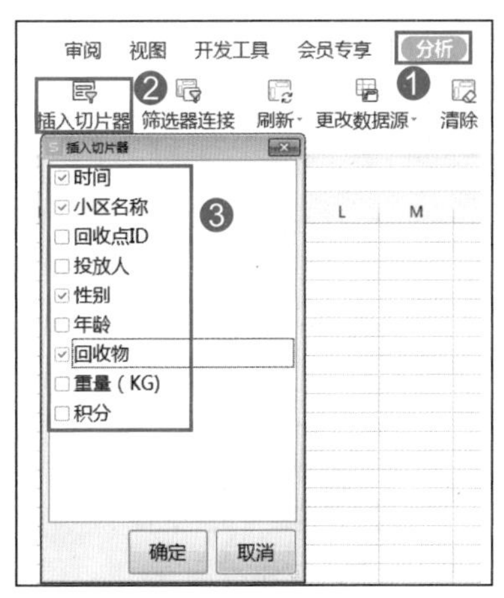

图 3-2-44　为透视图插入切片器

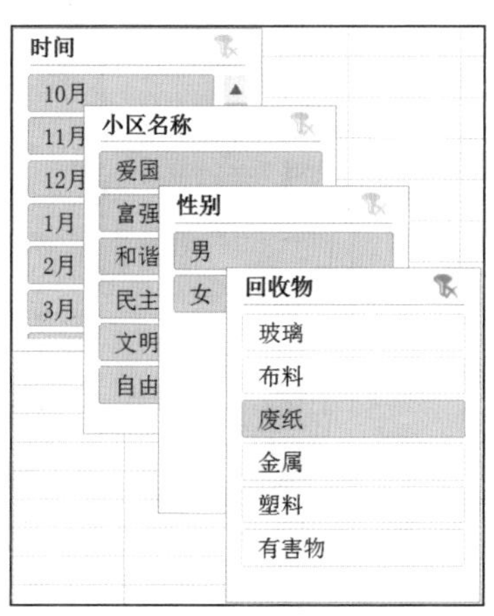

图 3-2-45　新创建的切片器

步骤 2：单击任一切片器，出现切片器专属工具栏，可对切片器进行样式、移动、对齐、大小等各种设置，如图 3-2-46 所示。

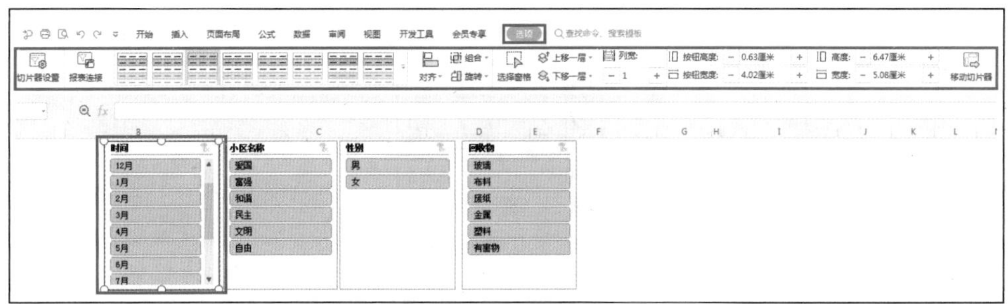

图 3-2-46　对切片器进行设置

步骤 3：项目小组发现“时间”切片器中的月份排序不正常，而且有两个无用项，如图 3–2–47 所示。

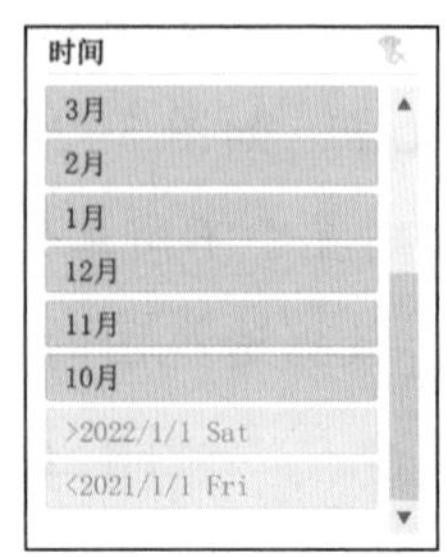

图 3–2–47　月份排序有误

单击“时间”切片器，在工具栏单击“切片器设置”按钮，打开“切片器设置”对话框。在对话框中可以对切片器名称和页眉显示进行修改，还可以对项目进行排序，以及隐藏没有数据的项等。此例根据需要选择“升序”单选按钮，选中“隐藏没有数据的项”复选框，如图 3–2–48 所示。排序结果如图 3–2–49 所示。

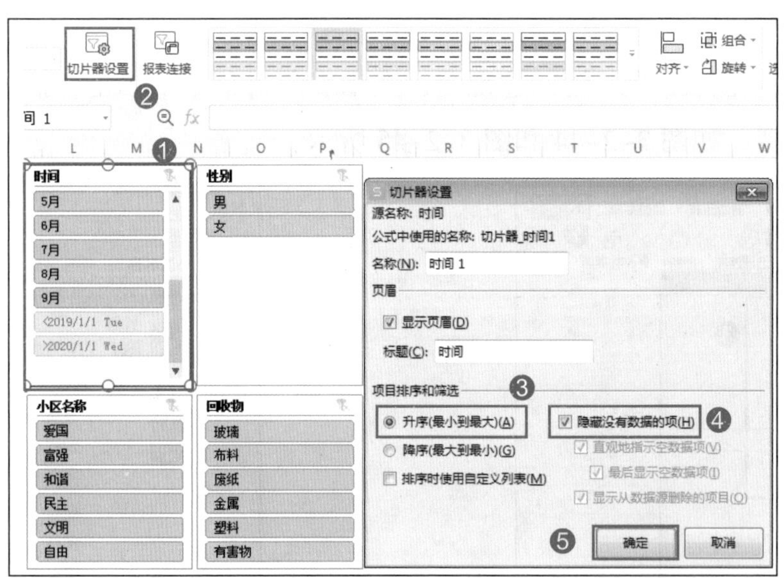

图 3–2–48　在“切片器设置”对话框中对项目进行排序

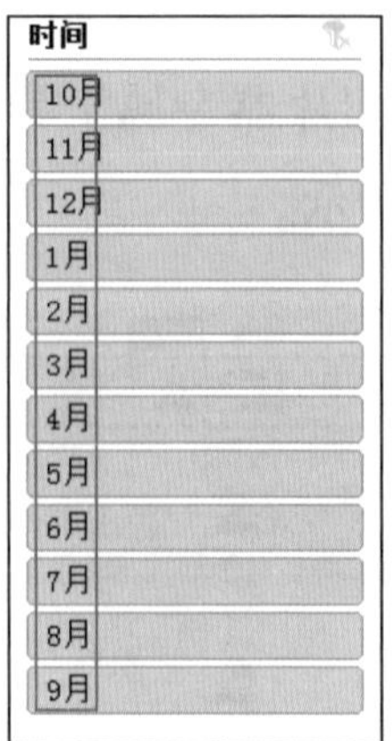

图 3–2–49　排序结果

步骤 4：图 3-2-49 中虽然将两个不需要的项目已经去除，但是月份的排序并不是想象中按 1~12 月排序的。现可采用 WPS“自定义序列”功能处理，在“选项”对话框内单击“自定义序列”，输入序列后单击“添加”按钮。这时，能看到自定义列表内增加了“1 月、2 月、3 月……”，单击“确定”按钮退出设置，如图 3-2-50 所示。

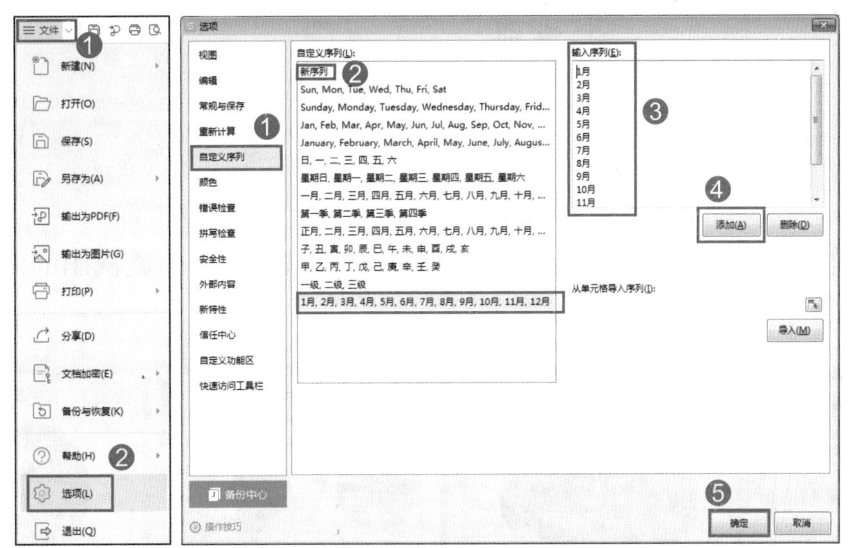

图 3-2-50　在 WPS 表格中添加自定义序列

重新对“时间”切片器进行设置，这次在“项目排序和筛选”选项中选择“升序”，同时选中“排序时使用自定义列表”复选框，单击“确定”按钮，结果如图 3-2-51 所示。

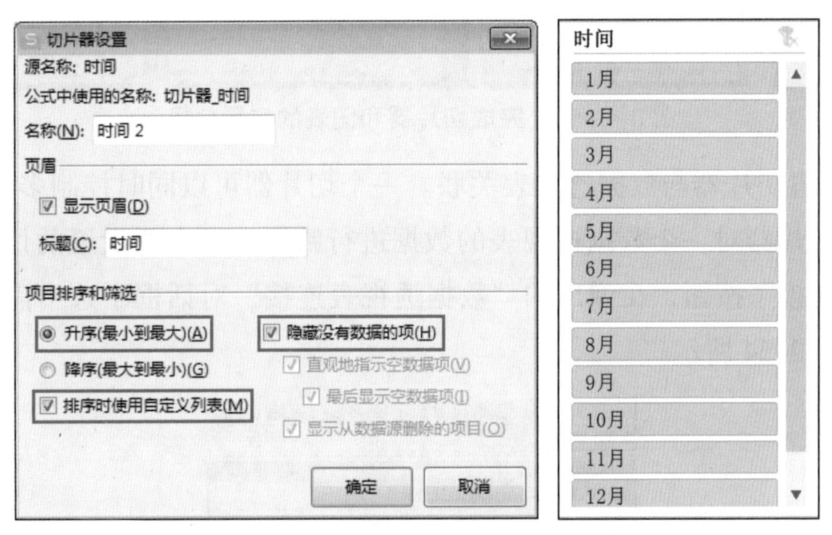

图 3-2-51　使用“自定义序列”功能重新对“时间”切片器进行排序

步骤 5：默认情况下，切片器的项目列数只有一列，比较单调，也不利于布局报表页面。在此任务中可以把“性别”切片器项目设置成两列，在切片器的“选项”选项卡中改变列的数量即可，如图 3-2-52 所示。

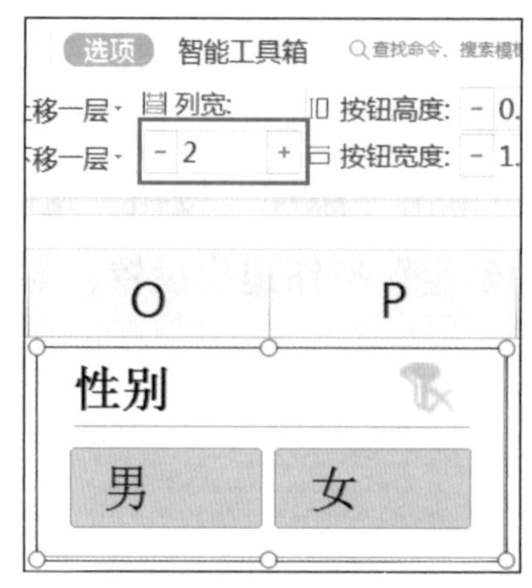

图 3-2-52　切片器呈现横排效果

步骤 6：布局切片器的大小和位置，具体操作可以参考前面透视图的调整。布局效果参考图 3-2-53。

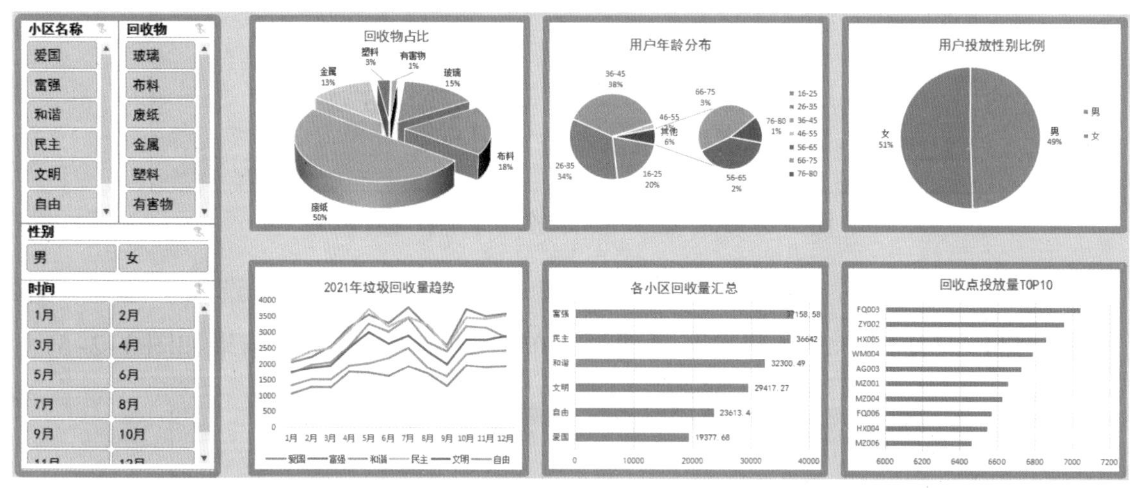

图 3-2-53　完成切片器和图表的布置效果

步骤 7：设置切片器与数据透视表关联。一个切片器可以同时控制多个数据透视表，也可以用多个切片器对一个数据透视表的数据进行筛选。选中要设置的切片器，在工具栏单击“报表连接”按钮，在弹出的“数据透视表连接”对话框中选中需要连接的数据透视表，如图 3-2-54 所示。

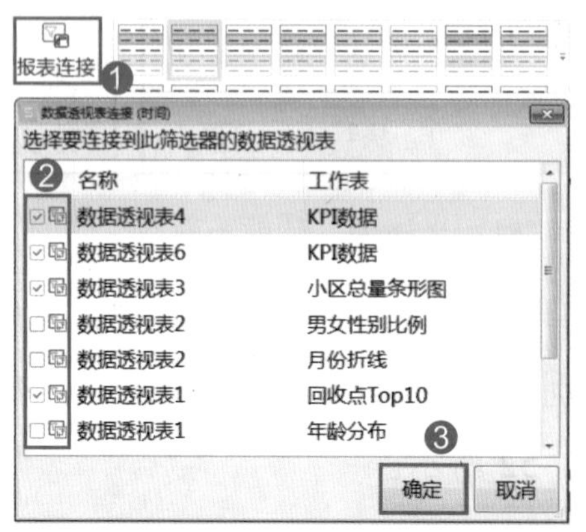

图 3-2-54　设置切片器与数据透视表连接

步骤 8：检查切片器联动效果。逐一单击切片器中的项目，查看与之连接的透视图的变化情况。单击两个及以上切片器中的项目，查看与它们连接的透视图的变化情况。

探究活动

在检查切片器联动效果时，出现 KPI 显示数据有误（图 3-2-55），或者折线消失了（图 3-2-56）的现象，这是为什么呢？你还发现了哪些错误的情况，请在表 3-2-4 中记录下来。

图 3-2-55 KPI 显示数据有误

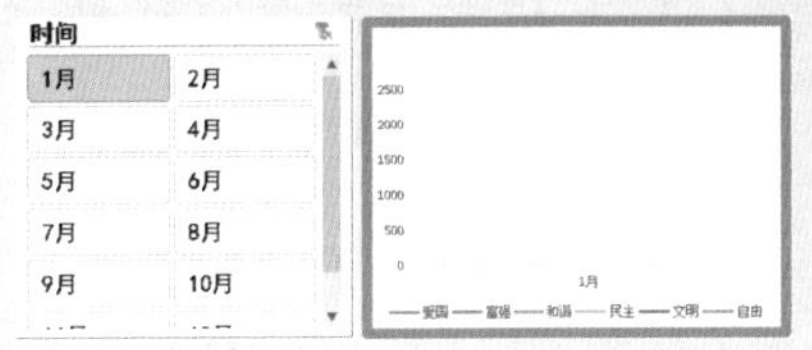

图 3-2-56 折线消失

表 3-2-4 切片器联动错误分析表

序号	错误现象	分析原因
1	将切片器“回收物”与 KPI 数据连接，在点选任一项目时出现如图 3-2-55 所示的错误	
2	将切片器“月份”与月份折线连接，在点选任一月份时折线消失	
3		
4		
5		

3. 排版美化

切片器联动、数据筛选检查无误后，最后对页面进行必要的美化，完成可视化报表的制作，如图 3-2-57 所示。

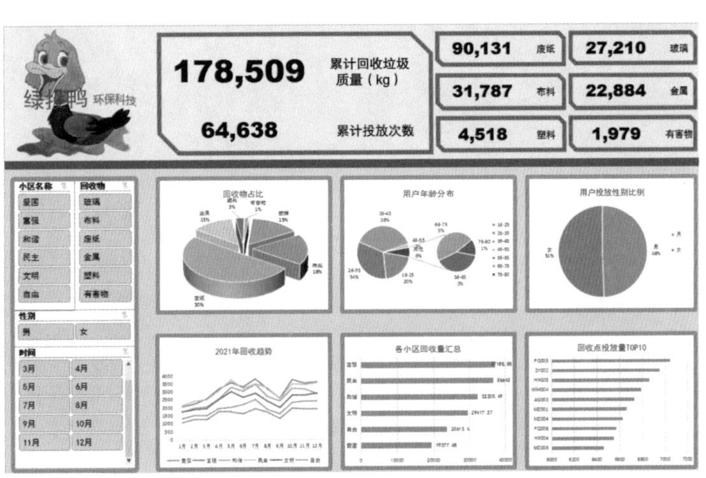

图 3-2-57 完成可视化报表的制作

经过一段时间的辛勤工作，项目小组终于完成了可视化数据分析报表的制作。看着报表的数字和图表随着切片器的点选不断发生着变化，大家非常高兴。

这些变化的数据的背后要表达什么信息呢？报表马上就要交给公司了，要汇报些什么内容呢？试着结合报表写份数据分析报告吧。

数据分析报告

你从哪些方面进行了分析？

____

____

你分析的结果是什么？

____

____

分析结果反映出什么问题？

____

____

解决这些问题你有什么好的建议？

____

____

项目分享

方案 1：各工作团队展示交流项目，谈谈自己的心得体会，并选派代表分享交流。

方案 2：由学生代表与指导教师组成项目评审组，各工作团队制作汇报材料并进行答辩。

项目评价

请根据项目完成情况填涂表 3–2–5。

表 3–2–5 项目评价表

类 别	内 容	评 分
项目质量	1. 各个任务的评价汇总 2. 项目完成质量	☆☆☆
团队协作	1. 团队分工、协作机制及合作效果 2. 协作创新情况	☆☆☆
职业规范	1. 项目管理、实施环境规范 2. 项目实施过程、相关文档的规范	☆☆☆
建议		

注："★☆☆"表示一般，"★★☆"表示良好，"★★★"表示优秀。

项目总结

本项目依据行动导向理念，将行业中数据处理中的典型工作任务——制作数据分析报表，转化为项目学习内容，注重学生采集数据、加工数据和分析数据的能力的培养，学习内容即工作任务，通过工作实现学习。本项目共分为 3 个任务，在"制定分析方案"任务中介绍了如何制定分析方案，选择符合要求的表格结构和数据，培养学生分析问题的能力；在"制作透视表"任务中介绍了数据透视表的汇总统计功能，并制作直观的透视表和透视图，培养学生的统计思维；在"制作汇总报表"任务中介绍了生成可视化数据报表的方法，运用切片器方便地对分析数据进行筛选查看和统计。在整个项目实施过程中，帮助学生认识数据可视化给工作带来的便捷，为决策提供强有力的数据支持思维。

项目拓展 制作学生睡眠问题分析报表

1. 项目背景

近年来，学生睡眠问题逐步成为困扰家长和学生的大问题，学校本着从学生健康角度提出方案。因此，学生处将学生睡眠问题的调查分析问题交给小青，希望小青和团队成员能提供一个直观的报表。学生处已将前期通过问卷星和手环收集的调查数据发送到小青邮箱中。

2. 预期目标

要求能根据提供的全校 5 000 名学生近 30 天睡眠情况进行统计和分析，并形成可视化报表，以便学校领导对学生作息进行安排。要求如下：

1）直观、方便；

2）能对筛选查看需求数据制作可视化报表；

3）能形成横向和纵向报表。

3. 项目资讯

1）数据透视表起什么作用？

____

____

2）切片器的作用是什么？

____

____

4. 项目计划

绘制项目计划思维导图。

5. 项目实施

任务 1：制定分析方案

根据项目计划书，编写数据分析方案。

小提示：思考学校需要什么信息，如何灵活地对数据进行筛选、汇总、比较，如何找出数据的变化趋势，如何把这些信息更直观地呈现出来？

任务 2：制作数据透视表

根据数据需要，制作数据透视表。

任务 3：制作可视化报表

根据项目需求，增加切片器，并可任意选择形成动态报表。

小提示：根据前期设计草图，把数据透视表和透视图汇总到报告页；然后在汇总页面插入切片器，使用切片器关联数据透视表 / 透视图，对数据进行筛选；最后对页面进行排版和美化，完成成品的制作。

6. 项目总结

（1）过程记录

记录项目实施过程中的各种情况，为工作总结提供依据，如表格不够，可自行加页。

序　号	内　容	思考及解决方法
1		
2		
3		

（2）工作总结

从整体工作情况、工作内容、反思与改进等几个方面进行总结。

7. 项目评价

内　容	要　求	评　分	教师评语
项目资讯（10分）	回答清晰准确，紧扣主题，没有明显错误		
项目计划（10分）	计划清楚，图表美观，能根据实际情况进行修改		
项目实施（60分）	实施过程安全规范，能根据项目计划完成项目		
项目总结（10分）	过程记录清晰，工作总结描述清楚		
态度素养（10分）	按时出勤、积极主动、清洁清扫、安全规范		
合计	依据评分项要求评分合计		

项目 3　制作数据可视化与数据分析报表

项目背景

小青进入到绿投鸭环保设备公司实习。公司希望在短视频社交媒体如抖音号、视频号上发布公司相关的环保调查分析数据，并成立了项目小组。小青由于之前的出色表现，得到了企业领导的赏识，有机会加入项目小组中。小青在学校中学习了数据报表和视频应用的相关知识，这次正好可以有实践机会。

项目分析

小青所在的项目小组对项目进行了初步分析，拟订了项目计划。首先对公司提供的数据表进行分析，了解公司对数据宣传的需求后制订数据分析和数据报表制作的计划；然后把相关的数据分析结果以动态视频格式导出；最后实现在短视频社交媒体中分享，满足公司对数据分析结果在新媒体或公众号上宣传等方面的需求，同时通过数据分析达到令公众提升环保意识并倾向于使用本公司环保产品的目的。项目结构如图 3-3-1 所示。

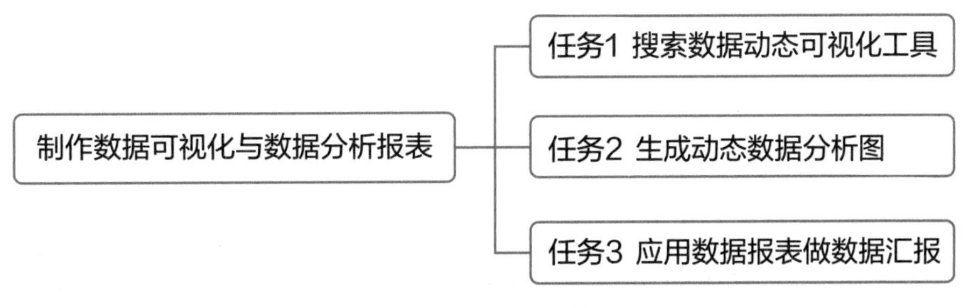

图 3-3-1　项目结构

学习目标

- 能根据需求规划数据报表动态效果，会处理分析数据并获取有效的关键信息。
- 会使用动态数据图表制作平台，掌握若干种动态数据报表平台的操作方法。
- 会制作出适合网络融媒体平台格式要求的动态数据报表，能在融媒体社交平台发布动态数据报表。

搜索数据动态可视化工具

任务描述

企业相关负责人对企业数据呈现提出了新要求，希望能把企业的一些数据以动态报表的形式呈现出来。

任务分析

小青得知需求后马上查询相关数据动态可视化工具，选择不同的数据呈现方式作对比。经过沟通研讨，小青所在项目小组先对网络新媒体中较流行的社交平台进行检索和分析，从中甄选若干案例效果作为制作目标，同时通过网络查找相关动态数据可视化处理工具，找出能完成相关动态数据报表功能的工具。任务路线如图 3–3–2 所示。

图 3–3–2 任务路线

1. 多种新媒体社交平台

社交网站是一种基于互联网的服务。它允许个体在一个封闭系统内建立一个公共或半公共性质的个人主页，与其他用户建立连接，并在个人主页上呈现联系人的列表，以及观看并穿梭于自己和他人在系统内建立的连接列表，这些连接的本质和命名可能会因网站而异。目前的主流新媒体社交平台主要有微信公众号、微信视频号、抖音、快手、哔哩哔哩等。部分主流新媒体社交平台的标识如图 3–3–3 所示。

图 3–3–3 部分主流新媒体社交平台的标识

2. 多种数据图表可视化工具

数据可视化主要旨在借助于图形化手段，清晰有效地传达与沟通信息。为了有效地传达思想概念、美学形式与功能需要齐头并进，通过直观地传达关键的方面与特征，从而实现对于相当稀疏而又复杂的数据集的深入洞察。然而，设计人员需要很好地把握设计与功能之间的平衡，从而创造出既美观又实用的数据可视化形式，以达到对企业分析决策起关键作用的目的，也就是传达与沟通信息。

数据可视化就是用图形来表示信息和数据。借助图表、图形和地图等可视化元素，可以让人们便捷地查看和了解数据中的趋势、异常值和模式。

其中，我们可以根据实际需求，通过网络获取一些国内优秀的数据图表可视化的工具，如图表秀、花火 Hanabi、镝数图表、思迈特、图表魔方等。部分国内优秀的数据可视化工具标识如图 3–3–4 所示。

图 3–3–4　部分国内优秀的数据可视化工具标识

1. 确定分享平台

根据企业宣传需求，确定分享平台。

①平台调研。绿投鸭环保科技公司为了提升市民对“绿色中国、美丽社区”观念的认识，在全社会形成绿色环保理念的同时，结合社会对环保产品的需求，推广企业产品“数字化自动垃圾分类投放箱”在社区的知名度。宣传部门希望在目前主流的社区平台推出与企业产品、环保理念相关的数据可视化作品。“绿投鸭”数字化环保分类投放设备示意图如图 3–3–5 所示。

图 3–3–5　“绿投鸭”数字化环保分类投放设备示意图

使用之前学过的数据调查方法，在学校、家庭及社区做数据问卷调查。

②注册短视频分享平台。以“抖音”为例，下载抖音平台并注册账号。

③发布个人首个短视频内容，熟悉短视频公众平台基本操作。以“我的学校（班级）”为主题，发布个人的第一条抖音短视频。

2. 动态数据可视化处理

分析各数据报表可视化平台的特点，尝试使用平台处理已有数据。下载上述介绍的数据可视化工具，以花火 hanabi 数据可视化工具为例，运用平台调研时的数据表，制作如图 3-3-6 所示的动态数据图表来分析短视频社交平台。

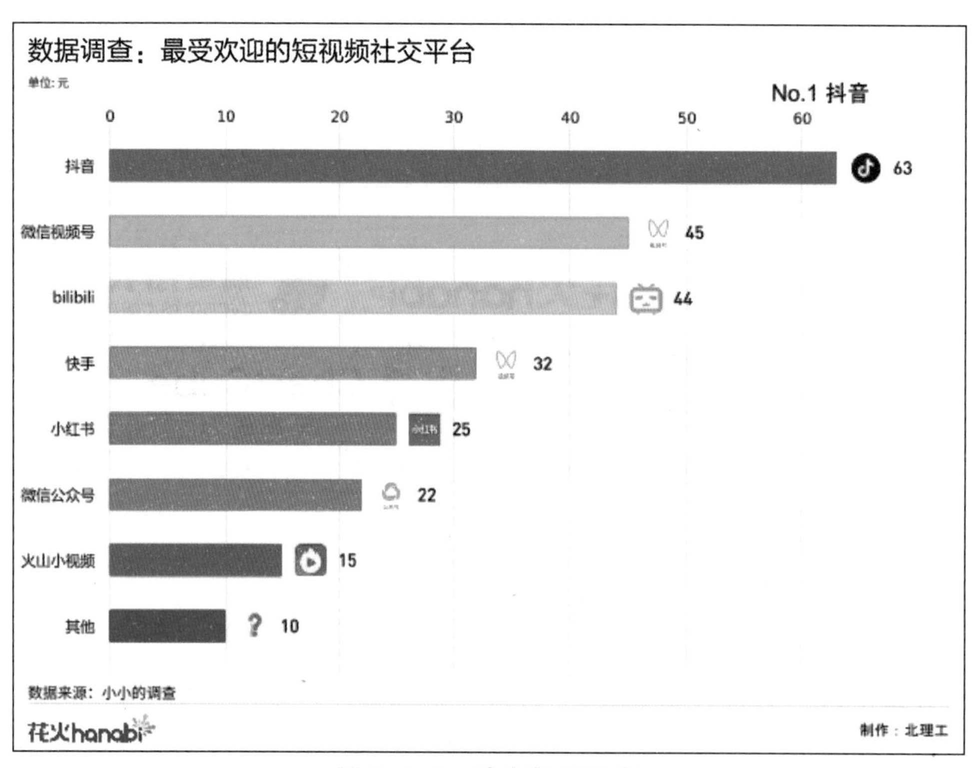

图 3-3-6　动态数据图表

步骤 1：使用问卷工具在班级中获取短视频社交平台受欢迎度。

步骤 2：登录花火平台，选择一组合适的数据可视化模板，如图 3-3-7 所示。

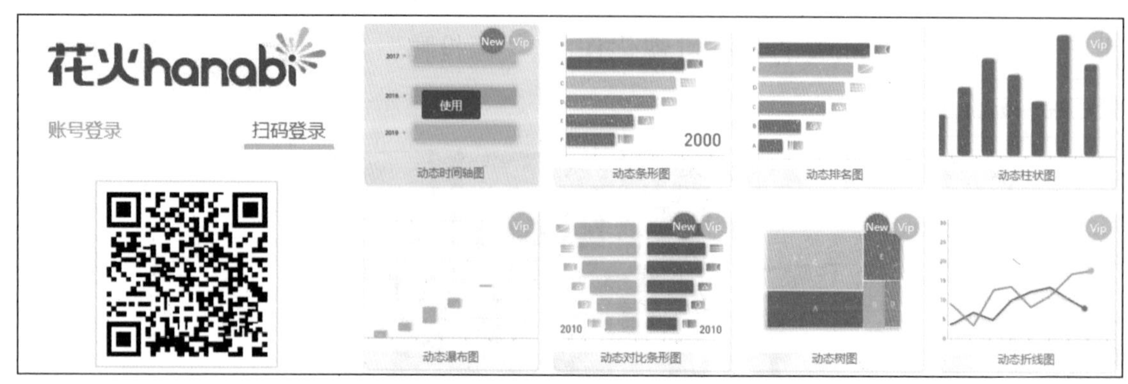

图 3-3-7　花火 hanabi 数据可视化图表模板

步骤 3：上传或直接修改可视化呈现的数据，如图 3–3–8 所示。

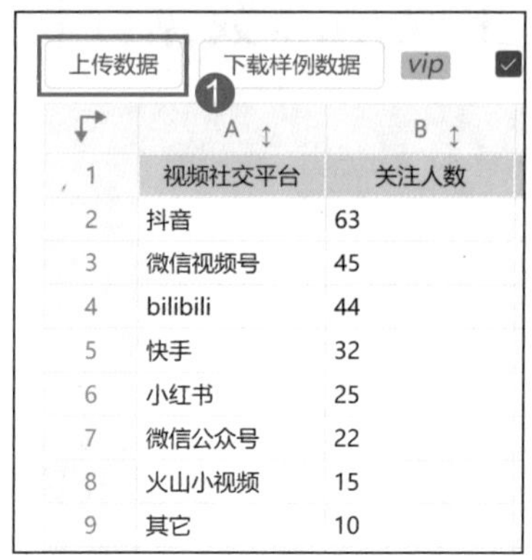

	A	B
1	视频社交平台	关注人数
2	抖音	63
3	微信视频号	45
4	bilibili	44
5	快手	32
6	小红书	25
7	微信公众号	22
8	火山小视频	15
9	其它	10

图 3–3–8　可视化图表数据样例

步骤 4：数据可视化图表格式化编辑，如修改图标及背景音乐等，如图 3–3–9 所示。

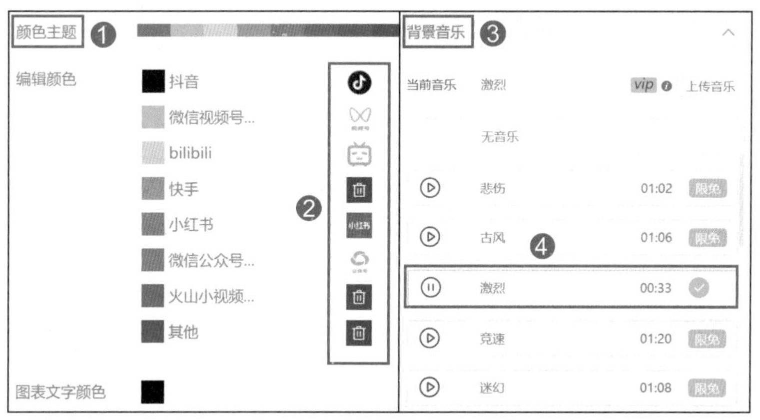

图 3–3–9　数据可视化图表格式化编辑

步骤 5：根据不同的视频输出比例（计算机终端 4∶3 横版，移动终端 9∶16 竖版），导出格式为 GIF 和 MP4，如图 3–3–10 所示。

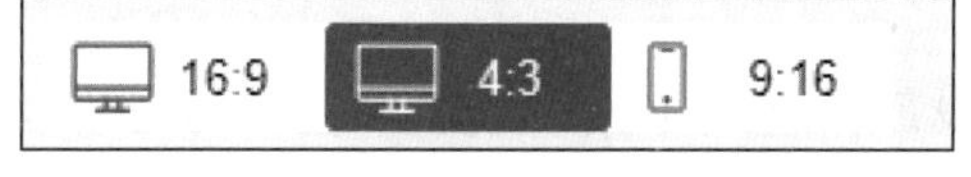

图 3–3–10　数据可视化图表输出比例

3. 发布作品

尝试在个人的短视频社交平台发布自己的作品，可学习使用短视频创作工具，如“剪映”软件等进一步修改、美化作品，然后发布。

使用以上数据，应用图表秀和镝数图表数据可视化工具，制作更酷炫的动态数据报表。

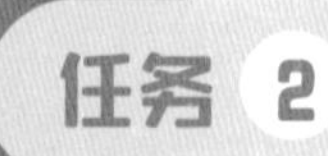

任务 2 生成动态数据分析图

任务描述

小青发布了动态数据报表在社交平台后，企业项目经理希望小青能继续组织团队对企业 2021 年在胜利街道各小区全年回收的数据进行按月度汇总分析，让企业董事会及时、快捷且清晰地了解当年设备运作情况。

任务分析

经过沟通研讨，小青所在项目小组首先联系技术部负责人获取全年各小区设备的汇总数据表；然后对数据进行检索和分析，使用数据透视表生成按月份汇总的数据；最后通过相关动态数据图表可视化工具，完成相关动态数据报表。任务路线如图 3-3-11 所示。

图 3-3-11 任务路线

任务实施

1. 获取原始数据

“绿投鸭”胜利街道各投放点全年网点数据如表 3-3-1 所示。

表 3-3-1 各投放点全年网点数据截取

时间	小区名称	回收点 ID	投放人	性别	年龄	回收物	质量 /kg	积分
2021/1/1 9:00 AM	西山	WM004	A0318	女	53	有害物	0.07	1
2021/1/1 9:07 AM	书苑	FQ001	A2223	男	44	玻璃	1.39	13
2021/1/1 9:11 AM	西山	WM003	A2046	女	41	布料	1.08	10
2021/1/1 9:12 AM	春天	MZ006	A2055	男	43	废纸	7.24	72
2021/1/1 9:17 AM	书苑	FQ005	A0969	男	26	有害物	0.03	1
2021/1/1 9:20 AM	文庭	HX005	A0102	女	20	金属	0.11	1

续表

时间	小区名称	回收点 ID	投放人	性别	年龄	回收物	质量 /kg	积分
2021/1/1 9:31 AM	西山	WM002	A0556	女	22	金属	0.39	3
2021/1/1 9:34 AM	春天	MZ003	A1086	女	34	塑料	0.26	2
2021/1/1 9:34 AM	学府	AG003	A2062	女	41	金属	0.88	8
2021/1/1 9:36 AM	春天	MZ001	A1221	男	35	有害物	0.05	1
2021/1/1 9:38 AM	学府	AG002	A0707	男	24	有害物	0.07	1
2021/1/1 9:38 AM	文庭	HX004	A1460	女	31	玻璃	2.58	25
2021/1/1 9:40 AM	西山	WM003	A1118	女	31	布料	1.35	13
2021/1/1 9:47 AM	碧海	ZY003	A1955	男	38	玻璃	0.99	9
2021/1/1 9:47 AM	春天	MZ004	A2274	女	41	废纸	3.49	34
2021/1/1 9:53 AM	春天	MZ003	A1000	女	27	废纸	5.33	53
2021/1/1 9:56 AM	书苑	FQ005	A0559	男	21	金属	0.90	9
……	……	……	……	……	……	……	……	……

2. 数据透视表制作

根据企业原始数据，汇总为数据可视化输入所需要的形式。选择将原始数据按日期、投放点各设备记录的实时分散的记录，按月份和废品的不同类型分类汇总数据。根据前面所学内容，在 WPS 表格中使用数据透视表进行数据分类汇总工作，并生成一个“按月汇总”的新数据表。

参考操作步骤如下：

步骤 1：在 WPS 表格中使用数据透视表功能，“行”是时间，“列”是回收物进行筛选，如图 3-3-12 所示。

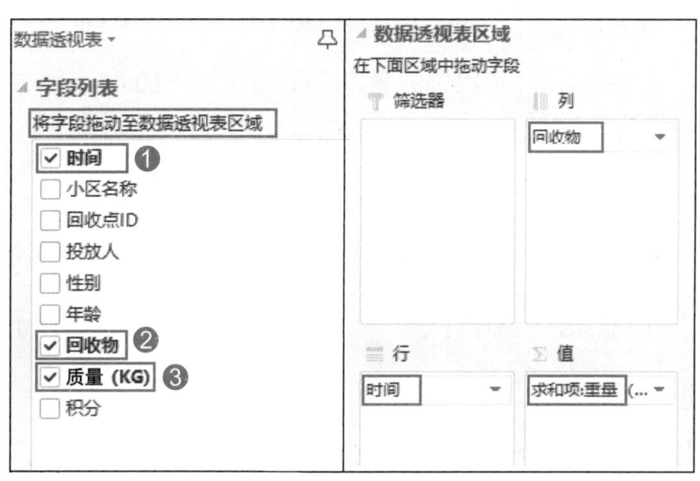

图 3-3-12　数据透视表筛选

步骤 2：时间按“月”进行组合，如图 3-3-13 所示。

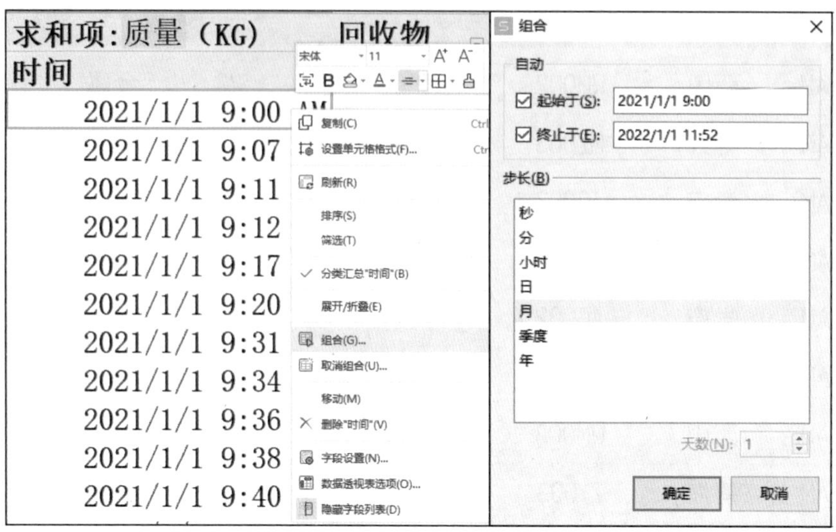

图 3-3-13 按月汇总数据

步骤 3：数据可视化分析按月汇总后数据如表 3-3-2 所示。

表 3-3-2 数据可视化分析按月汇总后数据

时间	玻璃	布料	废纸	金属	塑料	有害物	总计
1 月	1553.72	1105.85	6199.13	596.51	451.39	97.08	10003.68
2 月	1688.58	1775.79	6923.65	494.00	288.09	62.50	11232.61
3 月	2223.52	3170.64	4802.82	1066.03	254.96	260.25	11778.22
4 月	2029.44	3027.04	7988.80	1478.41	236.17	221.06	14980.92
5 月	1601.47	2957.88	10277.16	1878.7	356.12	225.60	17296.93
6 月	1987.06	1898.77	9565.87	2048.63	319.43	108.04	15927.80
7 月	2807.91	1588.39	9908.48	3238.42	284.38	201.99	18029.57
8 月	3616.58	2744.26	5144.66	3038.32	275.03	203.85	15022.70
9 月	2262.58	1049.34	5621.19	2698.16	510.45	279.24	12420.96
10 月	1863.35	1433.97	10319.6	3075.46	609.24	120.81	17422.43
11 月	2542.85	5898.71	6419.09	1809.00	403.74	78.48	17151.87
12 月	3032.53	5136.84	6960.87	1462.66	528.89	119.94	17241.73
总计	27209.59	31787.48	90131.32	22884.30	4517.89	1978.84	178509.42

3. 动态数据可视化图表制作

使用数据可视化工具分析全年中每月该片区垃圾投放情况变化。注册、登录数据可视化工具平台，以镝数图表数据可视化工具为例。

参考操作步骤如下：

步骤 1：登录后选择一个动态数据模板，如图 3–3–14 所示。

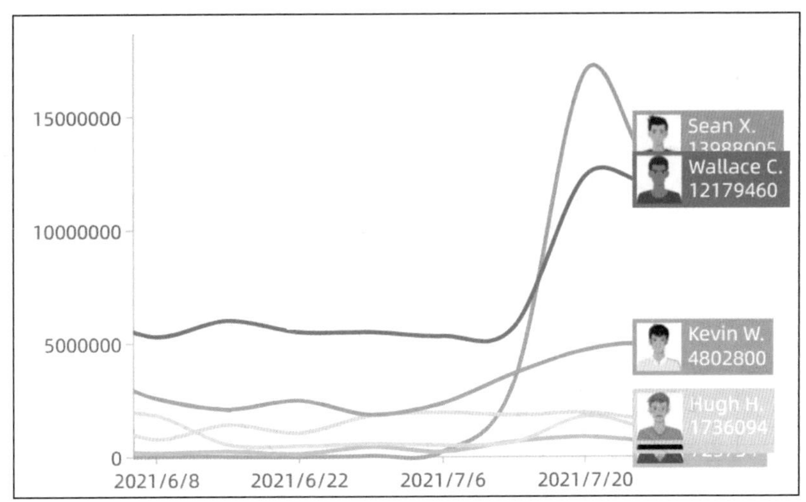

图 3–3–14　动态数据模板

步骤 2：选择“编辑数据”并发布数据，上传已生成的“按月汇总”数据表，如图 3–3–15 所示。

发布数据　　恢复样例数据

	一种	乙	c	d	Ë
1个	时间	玻璃	布料	废纸	金属
2个	1月	1553.72	1105.85	6199.13	596.51
3	2月	1688.58	1775.79	6923.65	494
4	3月	2223.52	3170.64	4802.82	1066.03
5	4月	2029.44	3027.04	7988.8	1478.41
6	5月	1601.47	2957.88	10277.16	1878.7
7	6月	1987.06	1898.77	9565.87	2048.63

图 3–3–15　上传数据表

步骤 3：镝数图表可视化输出格式化，可修改标题和图例，如图 3–3–16 所示。

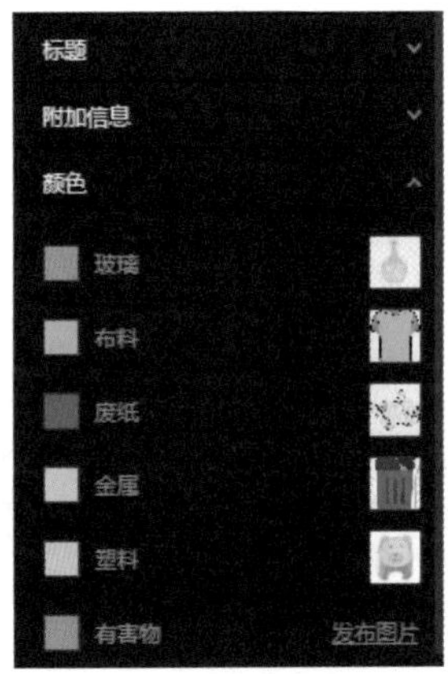

图 3–3–16　镝数图表可视化输出格式化

步骤 4：形成镝数图表动态可视化图表效果，如图 3-3-17 所示。

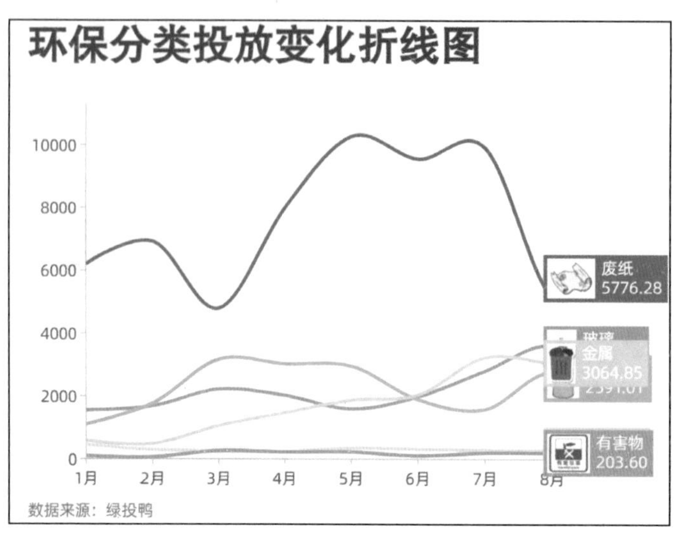

图 3-3-17　镝数图表动态可视化图表效果

1. 通过数据分析，可以归纳：回收品中（　　）物品占比最大；回收品中布料全年分类投放量呈________（上升 / 下降）趋势。

2. 把数据动态效果分享给老师和同学并在课堂中演示。

3. 通过上述折线图分析，如果企业希望提高市民的分类投放意愿，应该最好在什么时段做宣传工作？为什么？

4. 使用以上数据，应用花火和图表秀数据图表可视化工具制作有自己风格的动态数据报表。

任务3 应用数据报表做数据汇报

任务描述

年底，绿投鸭环保设备公司要求在原有的数据动态显示的基础上，把本年度企业各站点的数据做一个全面对比和分析，以呈现和对比各数据情况，为公司下一年度的发展决策提供数据支撑，并以H5的动态形式在年会中展示。

任务分析

经过沟通研讨，小青所在项目小组先对网络新媒体中较流行的社交平台进行检索和分析，从中甄选若干案例效果作为制作目标，同时通过网络查找相关动态数据可视化处理工具，找出能完成相关动态数据报表功能的工具。任务路线如图3-3-18所示。

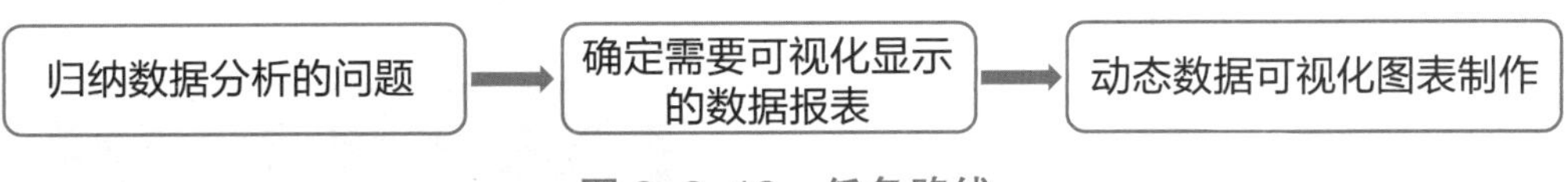

图3-3-18 任务路线

任务实施

1. 归纳数据分析的问题

根据目前所掌握的数据，为公司发展决策主要面对的问题提供数据支撑。经过团队讨论，将运用数据围绕以下问题进行分析，如图3-3-19所示。

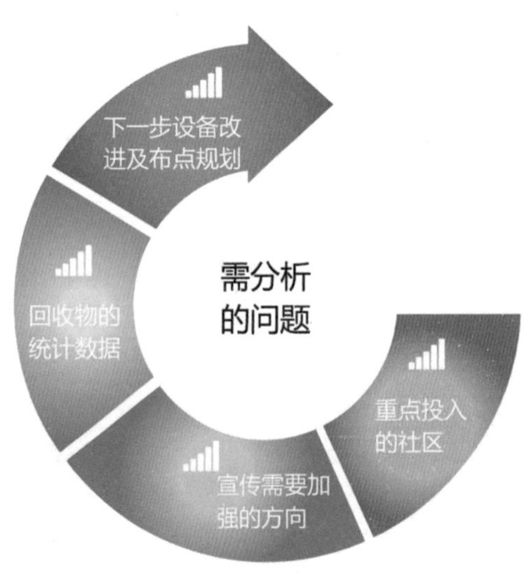

图3-3-19 需要进行数据分析的问题

2. 确定需要可视化显示的数据报表

根据需要进行数据分析归纳的问题，确定需要可视化显示的数据报表有如下几个：

①全年分类投放总计；

②全年回收品各月分析图；

③前20名投放人投放量；

④全年前 10 名投放人投放情况；

⑤全年各回收物占比；

⑥各小区全年回收情况；

⑦各小区投放量全年分月统计。

3. 动态数据可视化图表制作

使用图表秀数据可视化工具，选择其中一种可视化 H5 显示模板（以 Simon 阿文模板 2 为例）。原始数据为按日期、投放点各设备记录的实时分散的记录，现需要按月份和回收品的不同类型分类汇总数据。按可视化要求运用数据处理工具生成所需要的报表。

①全年分类投放总计，如图 3-3-20 所示。

1	时间	总计
2	1月	10003.68
3	2月	11232.61
11	10月	17422.43
12	11月	17151.87
13	12月	17241.73

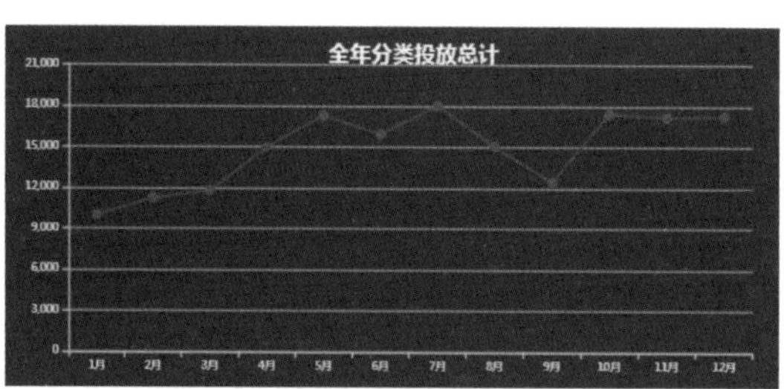

图 3-3-20　全年分类投放总计

②全年回收品各月分析图，如图 3-3-21 所示。

1	年份	玻璃	布料	废纸	金属	塑料	有害物
2	1月	1553.72	1105.85	6199.13	596.51	451.39	97.08
3	2月	1688.58	1775.79	6923.65	494	288.09	62.5
11	10月	1863.35	1455.97	10319.6	3075.46	609.24	120.81
12	11月	2542.85	5898.71	6419.09	1809	403.74	78.48
13	12月	3032.53	5136.84	6960.87	1462.66	528.89	119.94

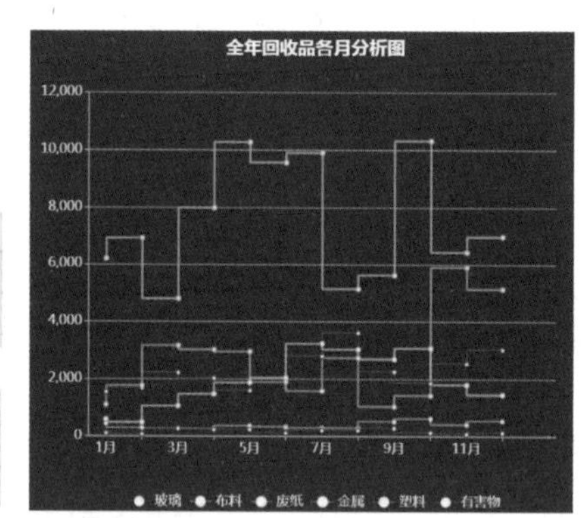

图 3-3-21　全年回收品各月分析图

③前 20 名投放人投放量，如图 3-3-22 所示。

1	投放人	计数项:时间	求和项:质量（KG）
2	A0284	41	165.63
3	A2067	28	164.82
4	A1537	35	
			134.22
		29	132.66
20	A0504	32	132.17

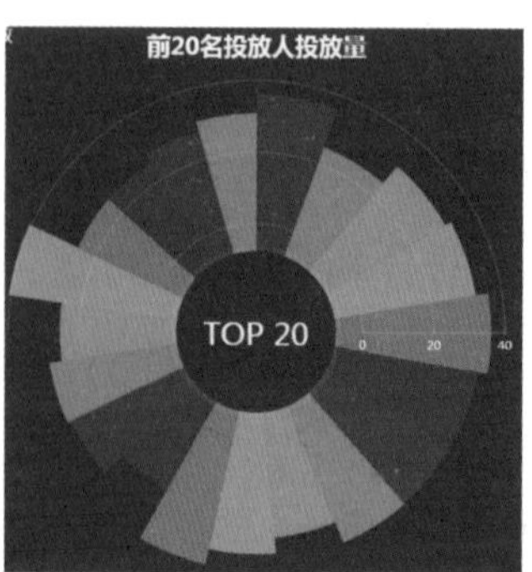

图 3-3-22　前 20 名投放人投放量

④全年前 10 名投放人投放情况，如图 3-3-23 所示。

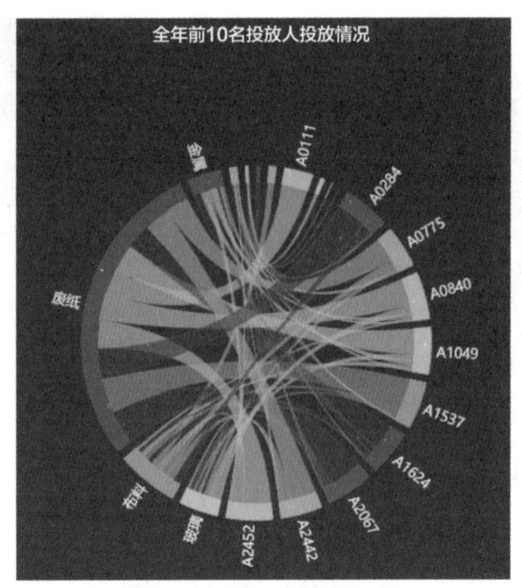

图 3-3-23　全年前 10 名投放人投放情况

⑤全年各回收物占比，如图 3-3-24 所示。

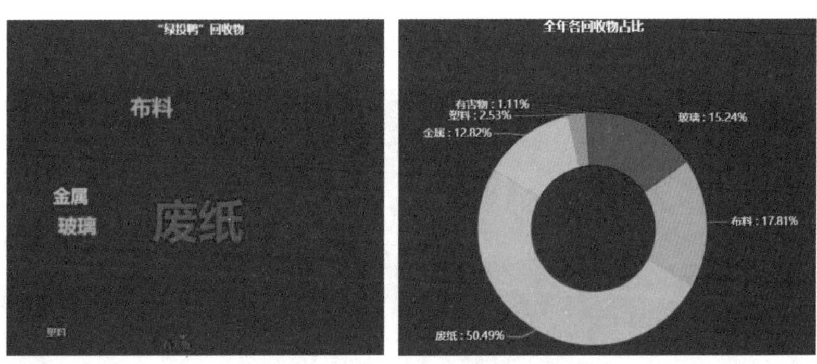

图 3-3-24　全年各回收物占比

⑥各社区全年回收情况，如图 3-3-25 所示。

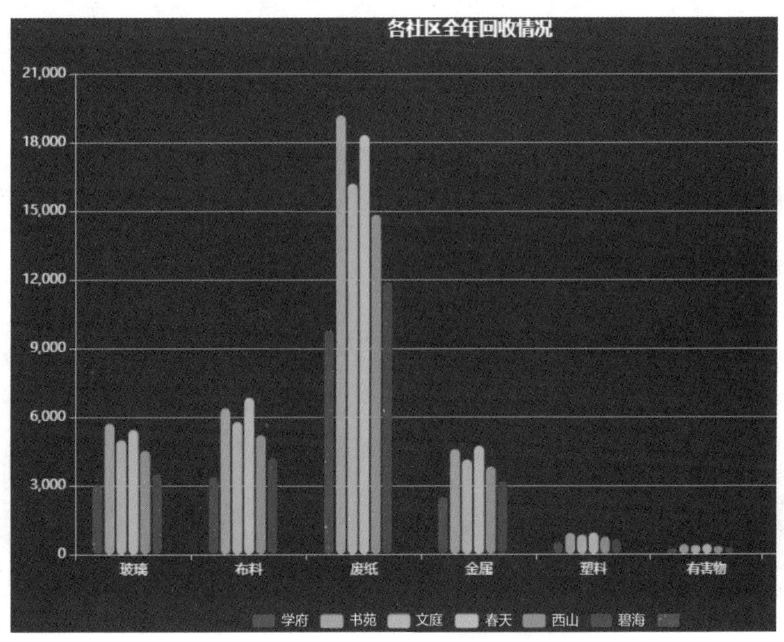

图 3-3-25　各社区全年回收情况

⑦各社区投放量全年分月统计，如图 3-3-26 所示。

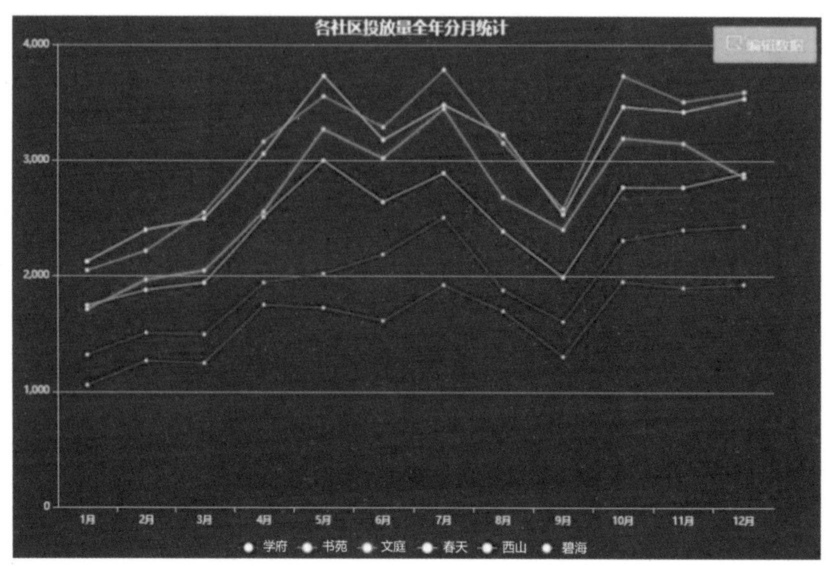

图 3-3-26 各社区投放量全年分月统计

汇总完成数据报表，显示动态可视化图表效果，如图 3-3-27 所示。

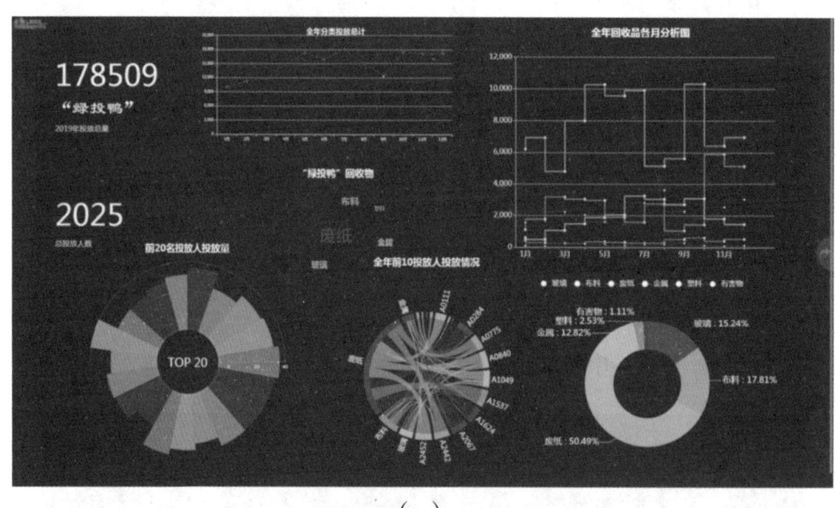

（a）

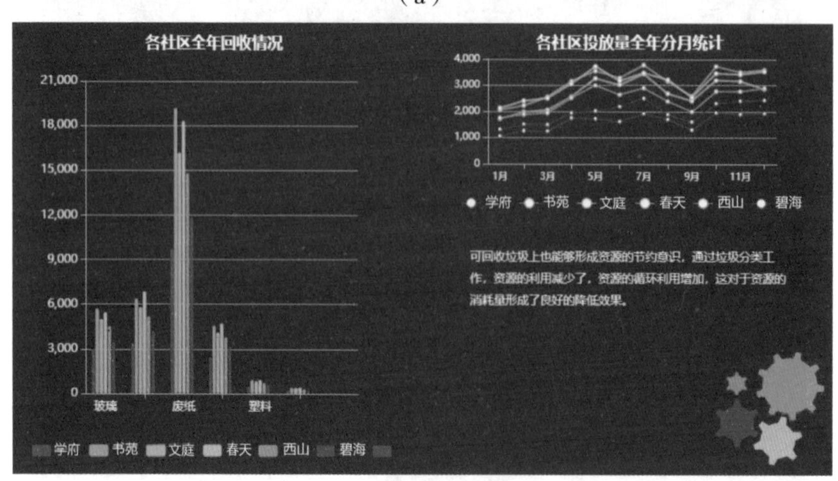

（b）

图 3-3-27 动态可视化图表效果

1. 根据整体回收物和回收重量的变化趋势，企业下一年度是否应该继续在更多的社区建设投放智能回收设备？为什么？

2. 不同的回收物需要运输到不同的处理点，企业目前在本市有3台载重2吨的货车，你建议公司如何安排运货车数量更有效率？

3. 公司还需要制订下一年度的广告投放计划，请你针对目前投放人的情况，生成新的图表。能根据投放人的年龄、性别、投放量进行汇总分析（图3-3-28），以确定广告设计重点针对的目标人群。

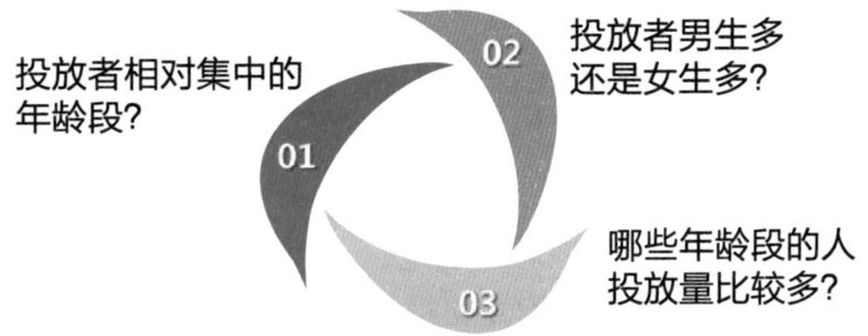

图3-3-28 广告投放目标人群分析

项目分享

方案 1：各工作团队展示交流项目，谈谈自己的心得体会，并选派代表分享交流。

方案 2：由学生代表与指导教师组成项目评审组，各工作团队制作汇报材料并进行答辩。

项目评价

请根据项目完成情况填涂表 3-3-3。

表 3-3-3 项目评价表

类别	内容	评分
项目质量	1. 各个任务的评价汇总 2. 项目完成质量	☆☆☆
团队协作	1. 团队分工、协作机制及合作效果 2. 协作创新情况	☆☆☆
职业规范	1. 项目管理、实施环境规范 2. 项目实施过程、相关文档的规范	☆☆☆
建议		

注：“★☆☆”表示一般，“★★☆”表示良好，“★★★”表示优秀。

项目总结

数据可视化旨在借助于图形化手段，清晰有效地传达与沟通信息。数据可视化的开发和大部分项目开发一样，也是根据需求来对数据维度或属性进行筛选，根据目的和用户群选用表现方式。同一份数据可以可视化成多种看起来截然不同的形式。有的可视化目标为了观测、跟踪数据，就要强调实时性、变化、运算能力，可能就会生成一份不停变化、可读性强的图表；有的为了分析数据，要强调数据的呈现度，可能会生成一份可以检索、交互式的图表；有的为了发现数据之间的潜在关联，可能会生成分布式的多维的图表；有的为了帮助普通用户或商业用户快速理解数据的含义或变化，会利用漂亮的颜色、动画创建生动、明了，以及具有吸引力的图表。

本项目的学习可以让我们了解数据可视化项目的制作过程，从数据采集、分析，到数据可视化呈现效果的制定，数据可视化平台的操作及数据报表的展示等一系列的流程，懂得数据可视化的应用价值。无论是动态还是静态的可视化图形，都为我们搭建了新的桥梁，让我们能洞察世界的究竟、发现形形色色的关系，感受每时每刻围绕在我们身边的信息变化，还能让我们理解其他形式下不易发掘的事物。

项目拓展 制作学习强国网站访问统计分析报表

1. 项目背景

学习强国网站最近推广新项目，很多中华传统文化内容上线，为了更好地了解全国人民学习中华优秀传统文化内容的情况，通过大数据技术分析当前访问学习强国网站的情况。

2. 预期目标

1）项目执行方案要求如下：

①图文并茂、可变化，自定义查看；

②可借鉴到其他网站。

2）制作学习强国网站访问统计分析表数据采集部分参考示意图如下。

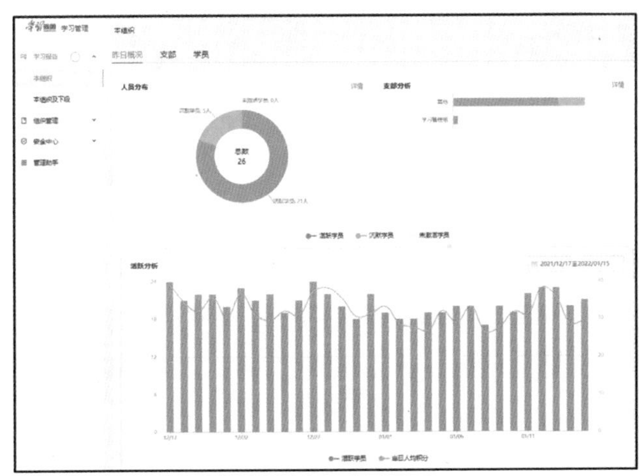

学习强国 学习管理 本组织

学习报告
本组织
本组织及下级
组织管理
安全中心
管理助手

日期	学员总数	激活总数	活跃学员	参与度
2022-01-15	26	26	21	80.77%
2022-01-14	26	26	20	76.92%
2022-01-13	26	26	23	88.46%
2022-01-12	26	26	23	88.46%
2022-01-11	26	26	22	84.62%
2022-01-10	26	26	19	73.08%
2022-01-09	26	26	20	76.92%
2022-01-08	26	26	17	65.38%

3. 项目资讯

1）数据分析思维有哪些？

____

____

____

2）项目特点是什么？

____

____

____

4. 项目计划

绘制项目计划思维导图。

5. 项目实施

任务 1：编写实施方案

根据项目计划书，编写分析方案、数据来源及采集方式。

任务 2：可视化报表

生成可切换、可统计的报表。

任务 3：应用数据分析工作统计

依托采集的数据和报表，制作演示文稿。

6. 项目总结

（1）过程记录

记录项目实施过程中的各种情况，为工作总结提供依据，如表格不够，可自行加页。

序　号	内　容	思考及解决方法
1		
2		
3		

（2）工作总结

从整体工作情况、工作内容、反思与改进等几个方面进行总结。

7. 项目评价

内 容	要 求	评 分	教师评语
项目资讯（10分）	回答清晰准确，紧扣主题，没有明显错误		
项目计划（10分）	计划清楚，图表美观，能根据实际情况进行修改		
项目实施（60分）	实施过程安全规范，能根据项目计划完成项目		
项目总结（10分）	过程记录清晰，工作总结描述清楚		
态度素养（10分）	按时出勤、积极主动、清洁清扫、安全规范		
合计	依据评分项要求评分合计		